PUHUA BOOKS

我
们
一
起
解
决
问
题

当代精神分析场论

Psychoanalytic Field Theory

A Contemporary Introduction

［意］朱塞佩·奇维塔雷斯（Giuseppe Civitarese）　著

吴佳佳　译

张沛超　审校

人民邮电出版社

北　京

图书在版编目（CIP）数据

当代精神分析场论 / （意）朱塞佩·奇维塔雷斯著 ；
吴佳佳译. -- 北京 ：人民邮电出版社，2024.3
ISBN 978-7-115-63897-7

Ⅰ．①当… Ⅱ．①朱… ②吴… Ⅲ．①精神分析－场
论 Ⅳ．①B84-065

中国国家版本馆CIP数据核字(2024)第049977号

内 容 提 要

近几十年来，精神分析逐渐由一人心理学转向双人心理学，分析师也越来越注
重治疗过程中分析组合的互为主体性，并逐渐摒弃高高在上的权威身份和理性的
诠释。之后，以后比昂学派的理论为基础的场论开始发展，并取得了积极的治疗效
果。精神分析学家称，场论将作为未来几十年精神分析的重要转向。

本书由世界著名的后比昂学派场论学者朱塞佩·奇维塔雷斯撰写，全面介绍了
场论的起源、基本概念、模型与治疗过程。书中还用大量的篇幅向读者呈现了 30 多
个临床案例，帮助读者更透彻地理解理论部分的内容。最后，本书对场论当前所面
临的争议及未来发展做出了辩证性的论述，并提出了一种彻底的主体间性观点。

作为讲述精神分析前沿理论的著作，本书不仅适合分析师、心理治疗师、心理
咨询师等专业人士借鉴和参考，也适合心理学专业的学生及对精神分析感兴趣的普
通大众阅读和学习。

◆ 著 ［意］朱塞佩·奇维塔雷斯（Giuseppe Civitarese）
　　译 吴佳佳
　　责任编辑 杨 楠
　　责任印制 彭志环

◆人民邮电出版社出版发行　　　　北京市丰台区成寿寺路 11 号
邮编 100164　　电子邮件 315@ptpress.com.cn
网址 https://www.ptpress.com.cn
河北京平诚乾印刷有限公司印刷

◆ 开本：880×1230　1/32
印张：7　　　　　　　　　　　2024 年 3 月第 1 版
字数：134 千字　　　　　　　　2024 年 3 月河北第 1 次印刷
著作权合同登记号　图字：01-2023-5120 号

定　价：59.00 元
读者服务热线：（010）81055656　印装质量热线：（010）81055316
反盗版热线：（010）81055315
广告经营许可证：京东市监广登字 20170147 号

推荐序一

坤变复，一阳动

场论——当代精神分析的重要前沿之一，是由全球多个地区共同发展的精神分析思潮，而意大利帕维亚学派则是其中的最重要代表。当下这一学派的出现对中国读者来说，会有一种横空出世的感觉。因为中国读者对精神分析场论并不是很了解，之前至多透过关于比昂（Bion）作品的零星介绍才略微知晓某些观点，并不成系统。而意大利帕维亚学派已对此深耕了几十年，并已经形成了系统的精神分析观点，即后比昂学派分析性场论（Post-Bionian Analytic Field Theory，BFT）。

这一学派究竟是怎样出现的？这一学派又讲了什么呢？我将逐一回答。

首先，这一学派究竟是怎样出现的？

当代精神分析的历史发展，经常被简述为经典精神分析、自我心理学、客体关系理论、自体心理学四大学派，有时还会加上北美关系性精神分析等思潮；我在自 2008 年至今的精神分析发展历史叙事的研究中，逐渐怀疑这一分类方法，怀疑这可能是因第二次世界大战后精神分析在全球以英语为主要传播语言，同时随着美国经济、政治、学术等地位的提升，而在以英语精神分析为中心的历史视野下形成的一种偏见。因此，我带着怀疑去试探性地询问几位在法国学习精神分析后归来的分析师（如杨春强博士、严和来博士），"法国精神分析对精神分析历史发展的叙事是如何理解的"。他们比较一致地回复我，除了目前由英语系主导的国际精神分析学会之外，法语系的精神分析对当代精神分析的历史发展也是有等量的影响的。不久后，我又发现在意大利语系等精神分析的历史叙事中，分析师对全球精神分析的历史及学派也形成了不同的分类，即弗洛伊德学派、克莱因学派、关系性精神分析、法国学派、意大利帕维亚学派。由此我确信，全球各语系、各地区的精神分析是有其独特性的，英语系精神分析的历史发展叙事无法代表全球精神分析的发展，对精神分析历史发展和学派的归类是存在不同语系的独立视角的。中国精神分析工作者之前除了学习汉语作品外——绝大部分也是从英语书、英语论文翻译过来的——能够阅读的外语作品也就是英语作品了。所以在一定意义上，英语作品虽然有其价值和意义，但其语言所形成的"井口"也限制了中国精神分析工作者对全球精神分析的历史叙事的理解，以及对全球精神分析理论和临床发展的学习。除了英语的精神分析作品外，德语、意大利语、法语等精神分析作品中很重要的学术观点，因为语言隔阂而被忽略。当我们能够意识到这一关键时，观看世界的"井口"就被打开了，而我们也不再是英语精神分析井中的"青蛙"了。

在我和精神分析复杂性系统理论的代表人物威廉·科伯恩（William Coburn）博士的一次讨论中，他提及了意大利场论代表者之一的朱塞佩博士的论文，他说他很赞赏朱塞佩博士对主体间性的阐述，并分享了朱塞佩博士的论文《主体间性与分析性场论》（Intersubjectivity and Analytic Field Theory），我在阅读后觉得的确如威廉·科伯恩博士所讲的那样，朱塞佩博士的这篇论文十分精准地评价了当代各类主体间形式的发展，并阐述了主体间性与分析性场域之间的关系，这对于理解精神分析临床具有很深刻的理论意义，同时让我记起意大利精神分析的独立发展。之后，我就开始寻找朱塞佩博士的论文，并发现他有和意大利精神分析前任主席安东尼诺·费罗（Antonio Ferro）博士合著的论文《隐喻在分析性场论中的意义与运用》（The Meaning and Use of Metaphor in Analytic Field Theory），这篇论文对场论如何运用于精神分析临床实践做了介绍。我回忆起费罗博士其实也是《星际漫游：当代精神分析指南》（The

New Analyst's Guide to the Galaxy: Questions about contemporary Psychoanalysis）一书的作者之一。这时，我才真正意识到意大利精神分析已经在场论这方面开展了很多工作。张沛超博士此时正好在和我聊天，他说起郑毓晨博士发现了一本由意大利作者撰写的书——《当代精神分析场论》，我拿来一看居然就是朱塞佩博士在 2023 年的新作。于是，我立即联系了人民邮电出版社的编辑杨楠。考虑到本书在国内图书市场的前沿性，我动用南嘉先锋译丛基金对本书的汉译本进行了出版赞助，务必使本书尽快翻译出版。同时，我又联系了朱塞佩博士沟通版权事宜，朱塞佩博士热情地回复说版权在他那里，如果我们愿意出版汉译本，他可以授权，于是这本书的出版程序就此步入轨道。

精神分析场论的发展最早和荣格的心理炼金术是有一定关系的，虽然这两者之间的联系还需要很多研究来证明和阐述，但至少在 1920 年，荣格（Jung）发表的"瑜伽女"案例中已经出现了类似的介绍，在之后的《神秘联姻》（Mysterium Conjunctionis）、《移情心理学》（The Psychology of the Transference）等论文中，荣格也做了更系统的阐述。另一个清晰的证据是，1932 年，荣格受邀在英国塔维斯托克诊所进行了系列演讲，当时比昂参加了那里的工作坊并参与了讨论。至于影响有多少，目前还没有研究可以清晰地显示。在精神分析内部，最早出现与场论有相关性的理论是比昂提出的精神分析团体心理学。但真正在精神分析内部第一次提出有关精神分析场论的阐述的，是阿根廷法裔精神分析学家威利·巴兰哲和玛德琳·巴兰哲（Willy Baranger and Madeleine Baranger）的论文，在他们的自述中，他们提出场论受到了法国的梅洛－庞蒂（Merleau-Ponty）的哲学、德国－美国的格式塔心理学的影响，但之后，他们也提及了比昂理论的影响。比昂在晚年发展场论时生活在美国加利福尼亚州，在此期间，他培训了那里的一些分析师，包括后来因为进一步诠释比昂理论而促进后比昂学派发展的詹姆斯·格罗特斯坦（James Grotstein）等学者。同时，由于比昂的女儿嫁到了意大利，因此他经常会在去意大利看望女儿的时候，在意大利举办一些工作坊（直到他的女儿在意大利遭遇车祸去世为止），这影响了意大利的精神分析学家费罗等人对临床的探索和思考。之后，意大利的帕维亚地区逐渐形成了重要的精神分析思想，即BFT。本书的作者朱塞佩是费罗的学生和合作者。朱塞佩作为帕维亚学派最重要的创造者和理论阐述者之一，也在意大利语精神分析和英语精神分析之间架起了桥梁并做了很重要的推荐工作，这使得意大利帕维亚学派的工作在欧洲、美洲等地逐步为精神分析专业人士所了解，并启发了临床实践者对它的应用。

其次，这一学派又讲了什么呢？

本书不但是意大利帕维亚学派——BFT——的导论，也是当代精神分析场论的导论。它们继承了弗洛伊德（Freud）和比昂的精神分析重要思想，同时丰富了有效的精神分析临床实践技术。当代精神分析场论超越将"关系"作为精神分析核心的理解，将咨访双方无意识共构的原始心理位置作为启动精神分析的基础。在分析师与患者的谈话工作中，双方并不是"我与你"的关系，而是"我们"一起的团体。即使是一对一的分析，当两个人进入对话时，他们的意识和无意识也结成了一个既非你也非我的团体共同场域，影响并激发彼此的生命进程。场域中的原始元素（贝塔元素）被共同无意识下的阿尔法功能转化为成熟的元素（阿尔法元素）。意识与无意识的场域过程是有目的论（目的论是指事物的发展是目标指向性的）的，由于咨访双方共构的无意识整体场域的对称性破缺过程，场域的对称性破缺会由于整体作用而发生自组织的涌现，于是场域中会涌现出遐想、体感遐想、行动遐想、梦的闪现、梦境、梦中的转化和幻觉中的转化等现象，隐喻无意识的目的论发展，从而导致疗愈性转化自发地发生。这一点与荣格在《移情心理学》（*The Psychology of the Transference*）一书中介绍的咨访双方的原始心理过程（以炼金术过程来隐喻心理疗愈性转化过程）相呼应。不过，相比于荣格和比昂的实践，当代精神分析场论经由近百年的经验积累和提炼，发展了比当年荣格和比昂的实践更为安全且成熟的精神分析技术。其实这一点也与人本主义心理学相呼应。

正如朱塞佩博士在一次采访中介绍场论时说的，"在这种方式下（场论），你不再研究患者，不再告诉他：因为他的过去，他在潜意识中将我们看作阻碍；或者按照梅兰尼·克莱因（Melanie Klein）的观点，他是通过潜意识幻想的眼镜看到我的，当有事物阻碍他获得满足时，他会看到一个无法得到的乳房。（这些理论）与场论相比，有什么重大区别呢？场论发生了什么？最大的区别在于，作为分析师，我对失望负责，对这种情感的质量负责。它不仅仅是你一个人的，也不仅仅是我的，而是源自我们在一起的结果……所以，如果它是我们的，我只能相信我们共同的努力，以及我们将原始情感（贝塔元素）转化为有意义情感（阿尔法元素）的能力。因此，我们现在被困在一个充满仇恨、愤怒、嫉羡等'毒气'的地方。如果我以这种方式倾听，那么我已经超越了我和你的个体间的分裂，不再怀疑患者，而是相信他和我的潜意识正在工作。这种逆转的观点作为一种关系性经验本身就具有治疗作用。我们更少暴露于潜移默化的意识形态渗透的风险，这意味着我们常常以善意的目的去判断他人、诊断他人、不赞同他人，这或许意味着如果他们不改变，那是他们的事……或者他们具有某种原始的破坏性核心使他们成为错误。好的，你看到技术如何改变了吗？"

本书有不少克莱因学派的专业术语，但本书的核心又显示了不同于克莱因学派术语内涵的独特发展。在阅读本书时，如果读者不熟悉克莱因学派的术语，我会建议先抛开这些术语，直接阅读第 4 章和第 5 章的实践技术和临床案例部分。在对书中的实践技术和临床案例有了把握后，再阅读全书也不迟。如果读者已经熟悉克莱因学派或比昂学派，那就可以毫无困难地全面展开阅读。

在本书的翻译过程中，我和朱塞佩博士进行了广泛的交流，他推荐了《犀牛身，蝴蝶心：与朱塞佩·奇维塔雷斯一起对话安东尼诺·费罗》《与朱塞佩·奇维塔雷斯博士的精神分析对话》作为辅助阅读，我将这两篇论文的译文刊登在了"现代自体心理学读库"公众号，以便读者补充阅读。在本书的翻译工作完成之际，朱塞佩博士也接受了我的邀请，并将于 2025 年 3 月来中国交流教学。作为对一种精神分析新思想的引进，本书将丰富并促进中国精神分析的发展，同时给中国精神分析带来反思，以启动中国精神分析历史叙事及中国精神分析主体性的构筑。

在此，我推荐精神分析工作者、精神科医师、心理咨询工作者、社会工作者、心理学爱好者阅读本书。

徐钧

2024 年 1 月 18 日腊八节

推荐序二

开放的场域与开放的场论

众所周知，"场域"，或者说"场"，一开始是一个物理学概念，如磁场、电场、引力场……上小学的时候，我痴迷于一种游戏：先用磁铁在砂子中耐心地吸引一小堆磁铁矿砂（化学成分为四氧化三铁），将这些磁铁矿砂均匀地铺在玻璃板的表面，再把玻璃板放在磁铁上面，轻轻地敲打玻璃板，然后神奇的现象就出现了，磁铁矿砂在玻璃板表面渐渐移动并形成了磁力线的形象。也就是说，看不见的场域被看见了！那么，两块条型磁铁呢？两块条形磁铁可以有多种摆放方式，在各种情况下，磁力线会如何显示呢？初中时的我又痴迷于无线电，经常操着电烙铁在松脂烧煳的味道中忙活到半夜，只为听见远方的声音。这种智力习惯——努力看见看不到的——一直延伸到我成年，延伸到我作为心理咨询师的工作中。

那么，咨询室内的两个人到底是如何相互影响的？有没有办法可以显示出这个场域的"磁力线"？如果是多个人呢，如家庭治疗和团体治疗？所以，我很早就被由比昂的老师克莱因提出的"投射性认同"这个概念所吸引。投射性认同似乎在一定程度上解释了人际间的场域是如何形成，又是如何相互影响的。比昂扩充了这个概念，并将精神分析进行了本体论转化，从弗洛伊德的无意识，到克莱因的无意识幻想，再到比昂的O是一条景色壮丽的大道。而本书作者朱塞佩则试图向各位展示，O的另一种转化的可能性——场域。相比于神秘的O，场域的可见性要高一点。如作者所言，后比昂学派分析性场论（BFT）是对比昂思想的最原创发展，并且在治疗技术层面得以被广泛应用。对本书的阅读可以让人信服地接受作者的这个宗旨。

本书第 1 章综述了场论是如何从物理学到社会科学，继而在精神分析运动中生根发芽的。第 2 章则是对比昂的核心临床思想的提纲挈领，重点回顾了转化的概念，并且使看似断裂的早期比昂的团体动力学与中期比昂的知识论精神病理学的关联得以钩沉，这印证了本人一直以来的想法：比昂有关团体的思考并没有因为他的老师克莱因的不支持而消失在他的理论之流中，相反，正是由于比昂从团体契入精神分析的临床，才使得他对个体的视角一直是超越个体的，这解释了他为何能将投射性认同从一元模型转化为二元模型，并创造性地提出容器／内容物的概念，同时也有助于理解为何 O 是超越个体乃至团体的存在。至于作者对"为什么 BFT 是更为彻底的主体间性"的论证，我个人觉得必要性不大，其实场论的"格局"是高于主体间性的，不必再以主体间性作为对标。

第 3 章对比了比昂与温尼科特（Winnicott）的母婴理论，着力于发前人之所未发。稍有遗憾的是，本书未将丹尼尔·斯特恩（Daniel Stern）的发展理论纳入考量，但考虑到本书重在场论，所以这一点也可以理解。在第 4 章，作者提出了自己的临床模型，在微观的技术与宏观的伦理方面都有不少发微。对我而言，作者把行动也视为退想的一种形式这一点令人深省——或许临床上被我们习惯性地标记为来访者的"见诸行动"，不一定消极？抑或是我们理解不够，未能从场域的角度来考虑？又或者是我们不肯"入场"？

同大多数精神分析著作不同，本书第 5 章所引用的临床案例全部是吉光片羽般的片段，这似乎是作者对比昂的"挑选出的事实"这一概念的生动运用。在我接受詹姆斯·古奇（James Gooch）（比昂的被分析者和学生）督导的六年半里，他从不要求我汇报完整个案，哪个片段进入脑子里就讲哪个。但在写作中弱化一个案主的主体身份，而把类似的案例片段放在一个主题之下，颇有新意，也应该是比昂学派的应有之义。

第 6 章和第 7 章则回应了场论这一相对新生的精神分析分支所不可避免的争议，以及在临床之外的广阔议题，如美学和文艺评论方面的可能运用，这显示了作者广博的视野。

在最后一章，作者前瞻了场论的发展方向，即主体间和身体间两个维度。在我看来，尚缺少"文化间"（inter-cultural）这一维度。个体的互动都在一定的文化场域（cultural field）内发生。后者甚至预置并规范前者，而对前者的深入诠释，不可避免地引发其文化向度。如果未来有机会同作者面对面交流，我愿意就这个视角诚心求教。

精神分析发展到今天，植根于生物学的依恋理论与神经科学愈发互证融合，产生了情绪调节理论（Affect Regulation Theory, Allan Schore and Daniel Hill）；在北美，主体间性诸分支与关系理论交叉呼应，对话中有融合；法语系的精神分析一直有自己的特色和表述方式。而在作为西方文明摇篮的环地中海区域，有两个新的融合运动值得关注，一个是作者与其师费罗所不断完善的场论，另一个是以色列的奥夫拉·埃谢尔（Ofra Eshel）所提出的一体性（Oneness）理论。同样是作为后比昂学派理论的分支，为何意大利理论家会从"场域"的角度论述，而以色列理论家会从"体"的角度思考呢？不得不说，这或许正是文化因素使然，那么作为中华文化继承者的我们，应当如何思考、如何表述？

　　我与本书倡译者徐钧老师相识多年，亦师亦友，我深深佩服于他那海纳百川的容量和多年来支持翻译事业的愿力，竟使得这样一部在国外刚出炉的著作能以如此速度与各位同道见面，在此我愿意代各位向徐钧老师表示诚挚的谢意。尽管我与译者吴佳佳博士尚未谋面，但从译稿中我不难体验到其刻苦用心。尤其是丰富的译者注，覆盖了知识丰富的、旁征博引的、作者所征引的极其广阔的内容，从文学艺术到电影戏剧，甚至流行文化。这些内容我大多不甚了然，在阅读英文原著时，我也差不多都稀里糊涂、自欺欺人地跳过了，所以多亏了这些翔实的注释，我才嚼出了前所未有的味道。

　　最后，再提一下"场域"这个词，对应的英文"field"没什么好说的，而这个汉语词确实值得品品。"场域"的"场"是个多音字，读为"chǎng"时有如下含义：适应某种需要的比较大的地方；舞台；某种活动范围；事情发生的地点；表演或比赛的全场；戏剧中较小的段落；用于有场次或有场地的文娱体育活动；物质存在的一种基本形态。这样看来，"场域"的外延似乎比"field"要大得多，特别是与戏剧的关联，难免让人想到"人生如戏"。而"场"读为"cháng"且作名词时指的是翻晒作物和脱粒的平坦空地，这让本人一下子进入了某种遐想——我仿佛回到了童年的麦田。你知道的，在收麦期，你要先割出一块麦田，将其弄平整好作为"麦场"，并利用这块被压平整的土地临时性地存放、脱粒和干燥麦子。随着收割量的增加，这块麦场的面积会扩大，然而随着麦粒被处理完毕并装袋搬运走，这块麦场将重新被耕耘播种，"消失"在田地中，直到下次丰收。

这给我一种非常具身性的启发：或许，场域是开放的，场论也是。

（凌晨补记：倒时差的我凌晨三点被饿醒，于是我起来给自己烤了两片面包。我望着面包陷入沉思，这是早餐还是夜宵？身体明明在深圳，脑子和消化系统却像在北美。或许这就是场域，一种复杂交错的复合场域。我想到了即将——见的来访者，或许这种不对劲的体验就是他们的日常：身体明明在当下，心灵却被症状牵系，驻留在遥远莫测的时空……）

张沛超

2024 年 2 月 24 日上元佳节

构思于穿越太平洋的飞机上，落笔于深圳福田

译者序

乘一叶"语言"之舟，在作者、读者、译者之间，在中文、英文、意大利文的语言梦境之间，做一场"我们"的无意识之梦。

2023 年的最后一天，在我翻译完本书，准备提笔写一篇译者序作为对读者的"交代"时，脑海中流淌出的是上面这句话，它非常浓缩地概括了我在翻译本书时的总体感受。我想，读者开篇看到这句话，是很难理解和进入我想表达的语境的，因为这句话其实是非常个人化的体验，是我作为译者的主观感受。这也正像我在初读本书原著时的第一感受，似懂非懂、难以理解。但也许，当你"啃"完本书之后，你可以带着主体间的"消化感"，和"我们"（作者、译者、读者）一起穿越中文、英文、意大利文的重重梦境，让本书成为触发你无尽遐想的一个开端，一个入口，一场白日梦。

　　作为读者，本书的阅读体验显然不是那么流畅的。想来，这是一本在意识层面需要靠"啃"的书。因为书中涉及大量的专业术语、概念，而作者对这些概念是没有多加解释的。本书的英文副书名虽然叫"导论"，但读者不要被这个名字误导了，这不是一本介绍场论基础概念的入门书，而更像一颗关于后比昂学派场论的"大力浓缩丸"。在我看来，它完全不是精神分析场论的"入门著作"，而是对精神分析深度研习的高门槛著作。对本书的理解需要大量的精神分析理论知识作为理解的基础，尤其是比昂的理论、后比昂学派的理论等。作者预设了读者对比昂的理论是了解的，因此在本书中呈现的是"高手过招"般的对话模式，而不是对入门者的浅学教授模式。

　　作为译者，本书的翻译体验是充满"消化不良"的阻塞的。除了内容本身的难度外，还有两个非英语母语者（作者的母语是意大利语，译者的母语是汉语）借助英语这个中转性的第二语言来达成理解的困难和阻隔。本书在专业术语、语言表达等方面过于浓缩，着实让人难以消化。借用一下比昂的术语，如果说我作为翻译的职责就是要将这些深奥、生涩的语义内容（所谓的贝塔元素）从陌生的英文转译为可被理解的中文，那么这个"消化"过程是痛苦的。这里的"消化"不仅是一种隐喻，也是真实的身体感觉。在翻译的过程中，我时常有胃部堵塞、胀气的感觉。在某种意义上，这是一本需要动用意识、身体，以及无意识来消化和理解的书。当然，这一点本身就是本书想要表达的核心思想之一。

在后比昂学派场论看来，意识/无意识、身体/语言、现实/梦境、过程/结果……这些区分都不再是二元的，而是合一的。可以说，我翻译的"痛苦"体验，既是翻译本书的过程，也是翻译本书的途径，还是翻译后的成果。当然，我这只翻译的小"河蚌"不一定保证在"磨砂砾"的过程中产生了"珍珠"（珍珠的产生还需要读者也参与"磨砂砾"的过程，从而实现一种主体间的阅读），但我至少可以保证我尽了最大所能在消化了。这也是本书出现大量"译者注"的原因，希望我在能力所及的范围内对本书中的浓缩词语试图进行的说明，有助于读者对这颗"浓缩丸"的消化。

在翻译工作完成之后，我与徐钧老师简短交流了翻译过程的"痛苦"，我吐槽道："作者的语言像梦一样，很跳跃，我翻译得非常吃力，很多句子的原句看着就不通顺。书中用大量概念（符号）等意识语言去说无意识的梦，这本身就是悖论呀？"徐钧老师回复我："渡河总要有舟，但渡河之后为渡后人，也只能借助舟。舟本身并非渡河之果。"我非常喜欢这个"语言作为一叶之舟"的意象，它瞬间让我再一次放下"言与梦""意识与无意识"的分别心，我也希望把这个意象分享给大家。愿"我们"乘着这一叶语言之舟，渡我们想渡的无意

识之河。最后，合上书，带着清醒的梦思，恍若"轻舟已过万
重山"！

吴佳佳

2023 年 12 月 31 日于德国海德堡

引　言

在本书的开端，我想指出的是，我在本书中不会区分比昂和后比昂学派分析性场论（BFT），尤其是在理论部分。得益于对其他传统理论的借用和"嫁接"，BFT 是对比昂思想的最原创发展，并且在治疗技术层面得以被广泛应用。在某种程度上，比昂和后比昂学派分析性场论是重叠的，尽管我对比昂的阅读实际上不可避免地受到 BFT 的影响；与此同时，我希望BFT 的其他理论根源在本书中会逐渐变得清晰。

虽然比昂位于经典学派和克莱因学派精神分析的连续体上，但实际上，正如库恩（Kuhn，1962）所描述的那样，比昂的许多概念代表了范式的转变。比昂引入了一系列全新的术语，包括转化（transformation）和不变性（invariance）、

O^①、容器 - 内容物（container-contained）、网格（grid）^②、幻
觉（hallucinosis）、合 一（at-one-ment）^③、遐 想（reverie）^④、
负能力（negative capability）^⑤和信仰（faith）、挑选出的事实

---

① 在比昂的理论中，O 是一个重要的概念，这个符号在比昂的著作中经常
出现，代表一种超越性、无限性和无边界性的概念。对 O 的概念可以有
不同层面的理解。第一，O 通常被视为一种象征，表示无限潜力和可能
性。它象征着超越现实和有限性的境界，代表了未知和未显现的事物。
第二，O 被解释为无边界的符号，表示在心理过程中没有明确的分隔线
或限制。它强调了超越个体和群体心理边界的概念。第三，O 代表一种
超越性的思考和体验，超越了日常的现实和认知结构。第四，O 还与创
造性和变革的概念联系在一起。它象征着新观念、新想法和新体验的涌
现，对个体和群体来说，这可能意味着认知的变革和创新。第五，O 代
表了心理空间中的未知领域，个体可以通过超越已知边界来探索和理
解。——译者注
② 比昂的网格概念代表个体心理中对思维元素的组织结构，比昂认为，思
维是在一种特定的网格或结构中发生的，这种结构影响着思维的模式和
方向。网格不仅涉及具体的思维内容，还包括思维元素之间的关系。这
可以包括符号、概念和它们之间的模式。此外，网格的概念强调了思维
的动态性和灵活性。个体可能在不同的情境中使用不同的网格，这反映
了思维在不同情境中的适应性。——译者注
③ 在比昂的理论中，合一指的是个体经历的一种特殊状态，其中分裂或分
离的元素得以统一，个体得以体验到整体。合一不仅是对个体内部过程
的描述，也涉及个体与集体、个体与他人之间的关联。在集体或社会层
面，这可能涉及个体之间的和谐、合作和共鸣。——译者注
④ 遐想是指分析师在治疗中的一种非理性思考状态，通过这种状态，分析
师能够感知和理解患者的体验。——译者注
⑤ 负能力是指容忍和接纳不确定性和模糊性的能力。负能力要求分析师暂
时放下对直接解释和理解的渴望，容许患者的体验保持一定的模糊性和
不确定性。这有助于创造一种更自由、更开放的治疗氛围。——译者注

（selected fact）、清醒的梦思（waking dream thought）、阿尔法功能（alpha function）^①、贝塔和阿尔法元素（beta and alpha elements）^②、梦思（dream thought）、成就之语（language of achievement）、前观念（pre-conception）^③、基本假设（basic assumption）^④、人格的非精神病性部分（non-psychotic part of the personality）、救世主观念（messianic idea）、建制（establishment）^⑤等。

投射性认同的概念也是以一种特殊的方式被使用的，它不是指一种病理现象，而是指一种生理上的沟通方式。在基于本质上是单人心理学的精神分析背景下，投射性认同似乎还不是一个真正的关系性概念。然而，如果它被纳入不以孤立主

① 阿尔法功能是指个体对感觉和体验进行心理处理和整合的心理能力。——译者注
② 贝塔元素代表尚未经过心理整合和转变的原始感觉和刺激。阿尔法元素则是经过心理整合和转变的感觉、体验和思想。它们是被个体有效地吸收、整合和转化为有机结构的元素。——译者注
③ 前观念是一种在意识之前发生的精神活动，涉及感觉、情感和直觉等非言语性元素，强调了非言语性认知在个体心理中的重要性。——译者注
④ 基本假设主要涉及比昂在群体心理学领域的研究。他强调群体有一种共同的无意识心理动力学，影响着群体成员的行为和决策。——译者注
⑤ 建制通常指的是一种对已建立的社会、制度、权威或规范的接受和归属。它强调对社会中已存在的秩序和结构的认同，对权威和规范的接受，对集体身份和归属感的认同，还可能与集体的意识形态相关，即对社会中主导的思想和信仰的共同认同。——译者注

体为基础的双人心理学，那么就"场域"和"原初心理系统"（proto-mental system）①概念的临床和技术实质而言，投射性认同是一种非常有价值的概念。②在其强烈的关系意义上，作为一种涉及实际人际压力的无意识沟通模式，投射性认同概念有助于理解共享的无意识领域是如何形成的，以及人际影响的实际过程是如何发生的。

不仅如此，比昂还颠覆了对无意识和梦的传统观念。梦不再是通向无意识的皇家大道。相反，是梦创造了无意识；这里的"梦"是指赋予体验以个人意义的能力（或者，如果你愿意，也可以说是创造符号），这个能力是个体在出生时就从母

---

① 原初心理系统是在婴儿早期形成的、尚未完全发展为成熟心理系统的原初心理过程，包括在感知、情感和认知方面的早期体验和反应。在形成阶段，婴儿可能会通过感觉、情感和非言语的符号化来处理早期的心理体验。随着时间的推移，原初心理系统会逐渐发展为更复杂的心理系统，包括符号化、思维和语言等方面。这一发展过程与个体的心理成熟和认知发展密切相关。——译者注

② 为了解释为什么个体之间有关联彼此的强烈倾向，比昂假设存在一个"原初心理系统"。显然，这个原初心理系统必须被看作一个整体，在这个整体中，个体只是相对于所有其他个体的动态元素。所有的基本假设["心理活动具有普遍存在的强大情感驱动属性"（Bion，1961，p.146）、"保持群体凝聚在一起的'胶水'"（López-Corvo，2002，p.39）]都被认为已经沉积在这个整体中，即使它们是不活动的。因此，对比昂而言，主体是不可分割的，无法脱离其固有的社会维度。个体的心灵超越了个体的物理界限；它是超个体（transindividual）的。此外，在这个系统内部，身体和心智领域之间没有区别。

亲那里获得的。无意识变成了人格的一种精神分析性的功能。将无意识与社会性、符号性、语言的书面和非书面形式——以及一切支持主体性的实现和具体的人类思维能力的东西——联系起来，这在比昂那里再清晰不过了。比昂的无意识概念与神经科学感兴趣的无意识之间不存在混淆，尽管精神分析理论自然也要考虑神经科学领域的新发现。

根据 BFT，患者和分析师共同赋予了主体间场域以生命。正如奥格登（Ogden，2009）所指出的，当患者进入分析时，他实际上失去了理智，或者换句话说，他踏入了一种心理上的中间地带或一种与分析师共享的地带。因为这涉及深层次水平，患者建立了一种沟通，可以被引导以修复其内在群体结构中的功能失调区域，并且恢复其心灵各个部分之间持续进行的对话，以不断寻找更好的"思考"方式（在这里，无意识的思想、做梦、思考等几乎可以被看作同义词）来解决当下的情绪问题。因此，用移情和反移情的经典概念来表示分析性场域的特征可能是具有误导性的，因为它们假定患者和分析师作为两个积极的、纯粹的、完整且相互独立的主体面对面地相互对峙，每一方在某种程度上都"外在"于对方。如果说关系性视角参考的是埃德加·鲁宾（Edgar Rubin）著名的两歧图中的轮廓，那么 BFT 关注的则是其中的花瓶。

顺便说一句，在本书中，从一个双稳态图的一个视角转换到另一个视角，在内容上有重复的部分。这一方面取决于一个事实，即从我的经验来看，有些理论问题确实有些难以理解；另一方面是因为从不同的角度看同一件事是很重要的，这样更容易获得更一体化的视野。

目　录

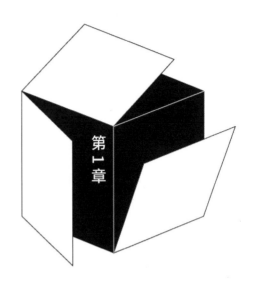

第 1 章

场论的产生

　　关于"场域"这个术语，我们可以在比昂的著作中找到。例如，1943 年 3 月 7 日，比昂在写给约翰·里克曼（John Rickman）的一封信中写道："我越看越觉得需要进行一些非常认真的工作，沿着分析性和场论的方向来阐明……目前的体系（Conci，2011）。"同年，比昂与里克曼联合在《柳叶刀》（*The Lancet*）上发表了一篇明确关于场论的文章，该文章的题目为《治疗中内团体的张力：关于团体任务的研究》（Intra-group Tensions in Therapy: Their Study as the Task of the Group，Bion and Rickman，1943）。拉康（Lacan，1947）毫不犹豫地将这篇论文形容为一种"奇迹"。这篇文章后来成为《团体中的体验》（*Experiences in Groups*，Bion，1961）一书的第 1 章。不过，率先将"场域"概念用作精神分析全新基础模型的人是玛德琳·巴兰哲和威利·巴兰哲。在他们最初于 1961—1962 年以西班牙文发表的论文《作为动力场域的分析性情境》（The

Analytic Situation as a Dynamic Field）中，他们专注于阻碍分析过程的那些与分析师 - 被分析者这一分析组合有关（couple-related）[1] 的无意识阻抗，即所谓的"堡垒"。在他们看来，克服这些阻抗是分析的主要目标之一。这一模型中隐含的观念是，分析师带着所有的主观性参与到关系中，不可避免地卷入与患者的互动序列，并且只可能在分析的后期阶段才能理解它们的无意识含义。

　　通常，在谈到 BFT 时，人们会想到玛德琳·巴兰哲、威利·巴兰哲，以及安东尼诺·费罗这几位的名字，尤其是巴兰哲夫妇在 1961—1962 年发表的论文《作为动力场域的分析性情境》及费罗在 1992 年出版的著作《双人场域：儿童分析中的体验》（*The Bi-Personal Field:Experiences in Child Analysis*）。在这之间的 1990 年，巴兰哲夫妇的《作为双人场域的精神分析情境》（*La Situazione Psicoanalitica Come Campo Bipersonale*）一书在意大利由费罗和斯特凡尼娅·曼弗雷迪（Stefania Manfredi）编辑出版，两位分析师都是意大利精神分析学会（Società Psicoanalitica Italiana，SPI）和国际精神分析协会（International Psychoanalytical Association，IPA）的成

---

① "couple"一词通常指的是伴侣，但此处的"couple"指的是"分析师与被分析者"二人作为一对分析伙伴。为了与人们通常理解的"伴侣"一词进行区分，此处将"couple"翻译为"分析组合"。——译者注

员。正如我们所看到的，这本书沿用了 30 年前的论文标题，但也引入了其他文章。值得注意的是，这篇论文在 1985 年首次被翻译成法文，直到 2008 年才被翻译成英文，2018 年才被翻译成德文。然而，直到 2009 年，我们才能找到这两位阿根廷作者的英文著作。由利蒂西娅·格洛瑟·菲奥里尼（Leticia Glocer Fiorini）主编的《交汇：精神分析场域中的倾听与诠释》（*The Work of Confluence: Listening and Interpreting in the Psychoanalytic Field*）一书收录了他们的 10 篇文章。在该书中，对比昂的引用仅有三处。唯一真正重要的引用（仅在第 5 章引用了 1993 年的论文）是，作者承认他们对分析组合基本幻想的概念不仅源自梅兰妮·克莱因的无意识幻想的概念，还源自比昂（Bion，1961）对团体基本假设概念的描述，换言之，在团体情境之外，幻想不会存在于两位参与者中的任何一位。

尽管巴兰哲夫妇在他们当前的经典论文中没有引用比昂，但玛德琳·巴兰哲（Churcher，2008）后来承认，自 20 世纪 50 年代初以来，她一直受到比昂的影响：

正是在我们回顾比昂关于团体的研究时，我们修正了想法并使它更加清晰了，我们的思考方向不同于移情 - 反移情互动……之后，我们了解到，"场域"的概念远不止于互动和主体间关系……为了将所描述的团体的"基本

假设"转译到个体的分析性情境中，我们论述了在分析性
情境中出现的"基本无意识幻想"由相同的场域情境所
创造……这个幻想不是"分析组合"中两个成员各自幻
想的总和或组合，而是由场域情境本身创造的一组原始幻
想。它在分析性情境的过程中出现，而在场域情境之外并
不存在，尽管它根植于分析组合成员的无意识（Baranger，
2005）。

在 PEP[①] 中，巴兰哲夫妇一共被引用了 1656 次：1990 年
之前被引用了 284 次，之后被引用了 1383 次。若要了解巴兰
哲夫妇的知名度受费罗影响的情况，我们只需考虑 1985—1989
年的 46 次引用中有 12 次是意大利作者引用的，1990—1991 年
的 22 次引用中有 11 次是意大利作者引用的，而 1992—1993
年的 58 次引用中有 29 次是意大利作者引用的。其中，除了
费罗和曼弗雷迪外，我们还找到了阿道夫·帕扎利（Adolfo
Pazzagli）、格雷戈里奥·豪特曼（Gregorio Hautmann）、卢恰
娜·尼西莫·莫米利亚诺（Luciana Nissim Momigliano）、费尔
南多·廖洛（Fernando Riolo）、巴西利奥·邦菲利奥（Basilio
Bonfiglio）、米歇尔·贝佐里（Michele Bezoari）、弗朗西

---

① PEP 的全称是 Psychoanalytic Electronic Publishing，它是全球最大的精神
　分析电子刊物网站。——译者注

斯科·巴拉莱（Francesco Barale）和科诺·巴尔纳（Cono Barnà）。所有这些都表明，在巴兰哲夫妇的划时代论文发表30年后，这篇论文成为整个精神分析文献中被引用次数最多的论文，并且将这些观点嫁接到比昂的观点上，对他们的声誉产生了巨大的影响。

然而，最终明确建立巴兰哲夫妇与比昂的贡献之间的联系的文章是由贝佐里和费罗（Bezoari and Ferro，1989）于几年后撰写的。根据我所能重新建构的情况，《分析性对话中的倾听、诠释和转化功能》（Listening, Interpretations and Transformative Functions in the Analytical Dialogue）这篇文章于同一年以意大利文和英文两种语言出版，标志着BFT的诞生。

在最初由贝佐里和费罗发展，之后由后者及其追随者特别推动的综合体中，除了巴兰哲夫妇和比昂，我们还必须提到何塞·布莱格（Josè Bleger）。费罗一直非常重视布莱格对设置的"机构"（institutional）性质的研究（Bleger，1967），以及对个体所谓的元自我（meta-ego）各组成部分的研究（Civitarese，2008）。此外，我们还要提到弗朗西斯科·科劳（Francesco Corrao）、尤金尼奥·加布里（Eugenio Gaburri）、克劳迪奥·内里（Claudio Neri）和罗伯特·朗斯（Robert Langs）。20世纪70年代，科劳通过邀请比昂在罗马的精神分析中心举办研讨会，成为推动其思想的人；1986—1987年，关

于诠释学场域（hermeneutic field）概念及作为精神分析范畴
的叙事，科劳都有著作出版（1986，1987a，1987b）。同一时
期，加布里发表了两篇有影响力的关于叙事和诠释的论文。早
在 1981 年，内里与科劳合编了一期《精神分析评论》（*Rivista
di Psicoanalisi*），这是意大利精神分析学会（SPI）的官方期
刊，完全致力于发展比昂的思想，其中包括尤金尼奥·加迪尼
（Eugenio Gaddini）、毛罗·曼西亚（Mauro Mancia）和伊格纳
西奥·马特 - 布兰科（Ignacio Matte-Blanco）的文章。几年后，
内里与安东内洛·科雷亚莱（Antonello Correale）、保拉·法
达（Paola Fadda）一起编辑了《阅读比昂》（*Letture bioniane*，
1987）。最后，朗斯是在南美洲地区之外第一位早在 1976 年
出版的著作《双人场域》中就提倡巴兰哲夫妇的场域概念的
人，他承认他这本书的书名是从巴兰哲夫妇现在的经典论文中
借来的。之后，朗斯于 1978 年出版了《双人场域中的干预》
（*Interventions in the Bipersonal Field*）一书。在这本书中，这位
美国作者阐明了分析性对话中的螺旋运动概念，在分析性对话
中，即时无意识与被记录的所言之间是谐振的。

正如我们所看到的，BFT 中融合了多种复杂的影响。然
而，我们也可以看出，这一综合工作是由贝佐里和费罗完成
的。在接下来的 30 年里，这一发展主要由费罗及其周围的
一群来自意大利不同地区的学生团体推动。他们被吸引到帕

维亚，因为那里是一所著名的医学院和一所精神病学院的所在地，后者的主要教师是精神分析学家［达里奥·德·马蒂斯（Dario De Martis）和福斯托·佩特雷拉（Fausto Petrella）］。这些名字出现在一系列共同撰写的图书封面上（Ferro et al.，2007），或者由费罗主编的书中（Ferro，2013，2016），持续十多年之久。除了现任作者，以及在他最亲密的同事圈——毛里齐奥·科洛娃（Maurizio Collovà）、乔瓦尼·福雷斯蒂（Giovanni Foresti）、富尔维奥·马扎卡内（Fulvio Mazzacane）和埃琳娜·莫利纳里（Elena Molinari），皮耶路易吉·波利蒂（Pierluigi Politi）后来加入了毛罗·马尼卡（Mauro Manica）和维奥莉特·皮埃特拉尼奥（Violet Pietrantonio），我还应该提到来自意大利的萨拉·博菲托（Sara Boffito）和大卫·文图拉（David Ventura），来自其他地方的蒙塔娜·卡茨（Montana Katz）、霍华德·莱文（Howard Levine）和劳伦斯·布朗（Lawrence Brown），以及杰克·福赫尔（Jack Fohel）及其团队，还有罗伯特·斯内尔（Robert Snell）和凯利·富雷（Kelly Fuery）。

因此，我们谈论帕维亚精神分析学派是理所应当的。这个学派的影响力正随着时间的推移不断增长。康伯格（Kernberg，2011）、埃利奥特和普拉格（Elliott and Prager，2016）及塞利格曼（Seligman，2017）权威地将BFT列为当代精神分析的主要流派之一。康伯格认为，"当代精神分析理论光谱内最显著的整体发展……涉及新比昂主义取向和关系取向……受费罗工作的影响，新比昂主义取向在整个欧洲，特别是在意大利，某种程度上也在拉丁美洲，扩大了其影响力"。塞利格曼（Seligman，2017）制定了一张引人入胜的地图，实际确定了五个主要的精神分析取向：当代克莱因学派、当代弗洛伊德学派、BFT、关系性精神分析和法国精神分析。

现在，让我们试图对精神分析的历史进行统一的观察，并将 BFT 放置在更为广泛的框架内。回看精神分析的历史，我们会发现它始于弗洛伊德的《科学心理学计划》（*Project for a Scientific Psychology*，1895），如今已经发展到关系性精神分析和分析性场域的精神分析。这是什么意思？一开始，它是心理学的自然科学视角，沿用了化学和物理学的思路。分析师将患者、患者的历史及其心灵置于放大镜下，并认为通过解释思维的无意识机制就能治愈患者。随着时间的推移，弗洛伊德意识到，作为纯认知的操作，这种方法是行不通的。他开始认识到，分析师必须经由对治疗关系的体验才行。这被构想成一种新型的"实验性"神经症，类似于儿童神经症 —— 不同的是，"分析师也在其中"。

起初，分析师充当的是一个空白屏幕，患者要将他对父母的无意识形象投射上去。然而，正如我们所看到的，分析师仍然必须参与其中。逐步地，分析师意识到他们也有移情和反移情。随着梅兰妮·克莱因的出现，分析师的参与进一步深入。通过投射性认同，患者拥有这样一种无意识的幻想，即认为他可以从内部控制分析师，而不仅仅是将幻想投射到对方身上。随后，"活现"概念出现了。患者分裂的一部分重复着长期存在的关系模式，并以某种方式使分析师以某种角色参与到正在上演的戏剧中，但患者对此或多或少是不知情的。然后出现了各种"第三方"或"第三性"的概念，它们在不同程度上假定，一个第三方的、被共享的思想从思想之间的相遇中形成，遵循其自身的规律。这些"第三方"的版本，以及活现作为一种可能的变体，总体而言仍然是有限的。此外，分析的目的仍然是通过探究关系如何受到这些现象的影响，或者通过重新整合那些病人的人格中由传记元素明确定义其性质的被分裂的部分，来重建患者的历史和他所经历的创伤。

显然，随着时间的推移，将一系列精神分析模型联系在一起的共同主线在于，试图更准确地描述分析师（他的个性，他的无意识）如何对分析性事实做出贡献。这种趋势在比昂学派精神分析及其随后在 BFT 中的发展等方面体现得尤其突出。为什么会这样？因为在我看来，没有任何其他理论以如此激进和严谨的方式规定，分析师应该放下过去和具体的现实，尽可能地专注于会谈中的"梦"——其中对梦的提及仅在于提醒分析师必须始终询问以下问题：为什么是这个？为什么是现在？从无意识的角度来看，这意味着什么？

　　这仅仅是一个描述性的命题；它并不自带价值判断。这就好像在说，在治疗会谈中，无论分析组合的双方在言语层面还是非言语层面谈论什么，他们总是在无意识层面参与其中，就像存在一个第三方心智，或者动态的格式塔，又或者二人团体，在进行关于自身的思考。换言之，无论如何，它总是在试图赋予此时此地共同经历的体验以意义。正如我们在任何时候都需要通过呼吸为血液提供氧气一样，我们也需要通过意义为心智提供支持。

　　换句话说，为了拓展我们的心智，我们需要像拼乐高积木一样不断地创建新的意义结构。比昂所称的贝塔元素，即影响身体的原始感觉和情感，就像缺少接头的乐高积木，它们无法互相拼接，因此不可能创建新的稳定物体。

　　在无意识层面，BFT 假设任何交流都是完全对称的产物。当分析师有意识地使用精神分析理论来把握在关系的无意识层面／对称面发生的事情时，他就回到了非对称面。当然，这并不意味着无意识的交流可以被搁置：每个波浪都会引发另一个波浪（或循环）。如果我们接受这一重建，我们就会看到在精神分析的历史上存在着惊人的连续性，尽管比昂和 BFT 可能看起来与弗洛伊德相去甚远。终于，弗洛伊德在 1921 年提出的"从一开始，个体心理学……同时也是社会心理学"的说法在理论上得到了有效的体现。

"场域"概念的中心性变得清晰起来。这一概念的根源最终可追溯到物理学。在物理学中，"场域"概念描述了给定系统中元素之间的相互依赖和远距离影响；后来，我们在格式塔理论中发现了它，又在库尔特·勒温（Kurt Lewin）的工作和梅洛-庞蒂的哲学中发现了它（Bazzi, 2022）。其基本思想是，某些现象只能在它们的动态整体性中进行研究，这被认为是高于各部分总和的东西。此外，它假设对人类心智的研究需要一种与客体相关联的主体心理学。20世纪60年代，一些重要的作者得出了相同的结论：温尼科特指出，孩子并不存在（除非将其视为母亲-孩子二元组/系统的一部分）；比昂深受他的第一位分析师约翰·里克曼的影响，认为关键在于将分析师-患者这一分析组合视为一个团体；拉康从不同的角度强调了自我的根本交互性质，以及主体性的初次实现源自主体在客体中看到自己的原初异化。

1943年，比昂首次从物理学中引入了场域的概念，我们可以把这归功于比昂。比昂指出，"在团体中，如果个体对自己在情绪场域中的位置持有更加准确的认识，同时更有能力接受如下事实：即使增加准确性也远远不足以满足他的需求，那么他就能从他的体验中获益"（Bion，1961）。如果团体超越了组成它的个体的总和，那么（仅仅）关注个体是没有意义的。更有意义的是在团体中重新建立有利于团体和主体共同发展的氛围。如果两个个体在接触时受到所产生的情绪场域的影响，那么他们就没有必要表现得好像它不存在一样。关系是主要的治疗因素，之后我们需要将注意力不仅集中在两个主体之间有意识互动的"主客厅"（piano nobile）[①] 上，还需要关注在主体间（不明确的）水平的"地下室"（cellar）中发生的事情。

比昂对物理学中的"场域"概念的引用非常具体（显然，他在谈论个体精神分析）：

> 根据海森堡（Heisenberg）的观点，在原子物理学中，出现了这样一种情况，科学家不能依赖于通常接受的观点，即研究人员可以访问事实，因为观察的事实会被观察的行为所扭曲。此外，他必须观察一个现象与另一个现象的关系"场域"在范围上是无限的，但是，这个"场域"中的任何现象都不能被忽视，因为它们都在相互作用（Bion，1965）。

[①] "piano nobile"是一个意大利术语，翻译成英文为"noble floor"，它指的是大型房屋的主要楼层，通常位于地面楼层之上，包含主要的房间。在建筑术语中，"piano nobile"通常被认为是建筑的最重要楼层，展示着宏伟与精致。在此处，我将其翻译成"主客厅"。——译者注

比昂进一步说道："在我看来，正在展示投射性转化并需要分析师使用克莱因理论来理解的患者，还使用了一个'场域'，这个场域不仅是分析师或患者自己的个性，甚至不仅是他与分析师之间的关系，而是包含所有这些甚至更多（Bion，1965）。"

我认为，为了理解"后期"的比昂，即他自《从经验中学习》（*Learning from Experience*，1962a）开始最有难度也最具争议的著作，以及 BFT，值得重新阅读的不仅是他在《再思考》（*Second Thoughts*，1967）中收集的克莱因时期的精彩文章，还有《团体中的体验》。比昂终身都作为一名学者——可能连他自己都没有充分意识到，因为他几乎从不谈论[①]这一点——他把对团体的理论转化为对个体精神分析的理论。虽然他本人进行了理论革新，但他仍然以克莱因学派的身份工作。尽管提出了诸多出色的建议，但他并没有充分发展出一种新的技术。要想拥有一个任何人都可以使用的工具箱，我们不得不等到 BFT 的出现。在这个模型中，分析师在分析组合中看到的不是两个相互孤立的主体，而是一个团体。在分析中，作为一个团体或场域的现象，没有任何"事实"不能被视作无意识的

[①]　据我所知，他只在《注意与诠释》（*Attention and Interpretation*）一书中针对个体使用过一次"基本假设"的概念："个体同样会受到团体情绪状况的影响"（Bion，1970）。

共同创造。就像在量子物理学中一样：粒子不是离散的元素，而只是在场域中传播的振动。它们的位置只是概率性的，类似地，对于同一事实的不同解释也是如此。

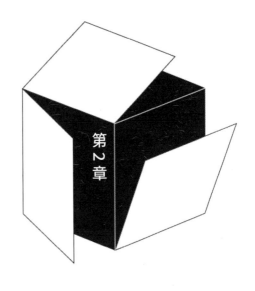

第 2 章

基本概念

无意识作为人格的精神分析功能

如果我们没有意识到一切事物产生的基本假设是一个与弗洛伊德的无意识不同的概念，即无意识作为人格的精神分析功能，我们就无法理解比昂和BFT。无意识作为人格的精神分析功能，这个表达似乎基于康德式多产的想象（productive imagination）模型。换言之，心智的认知能力是思考的先决条件，它不是先天的特质，而是后天获得的。我们不应混淆先决条件与先天特质。如果主体的认同感由感知时间的可能性定义，将无限的"现在"汇集在一起，那么必须存在一种潜在的自体感觉（feeling of self）。这种感觉必须被其他人吸收和发展，也就是说，被那些为儿童提供原初照料的对象吸收和发展，除了物质上的照料外，它还必然需要语言的习得。

婴儿在出生时具有"初级意识"（Bion，1967）。他能感受到刺激，但并不能意识到自己。他感知而不理解。比昂指出，这种意识"与无意识无关"。也就是说，所有涉及自我感觉的感知印象都属于同一类别；它们都是意识的。母亲的遐想能力使得婴儿通过他的"意识"收集关于自我的大量感知信息。这是一个美妙的形象：在生命之初，婴儿将母亲（或照顾者）视为他的无意识，从而成为对他原初意识的一种补充！通过遐想，以及接收并转化孩子投射性认同的能力，母亲表达了对孩子的爱，包容了他的焦虑，并为他形成自己的阿尔法功能和思维能力提供了途径。比昂的无意识概念在很大程度上等同于心智的阿尔法功能，他采取这样的表达方式是为了绕过问题，更清晰地定义其轮廓，让我们专注于我们或多或少已经了解的部分，即专注于无意识"做"了什么。因此，阿尔法功能是一种将不同感知统一起来的心理活动。它是一种对"可感知"的体验形成格式／序列（formatting/ordering）的功能，介于感官的被动性／接受性和智力的主动性／自发性之间。之后，通过"思考的装置"（apparatus for thinking）思想，概念得以综合。这种心理活动也存在于梦中，在那里，人们使用事物的概念，并通过压缩和置换的过程（分别对应拉康所称的隐喻和换喻的修辞手法）在不同的表象和梦思之间创造新的综合体。

　　比昂拒绝，或者更确切地说，重新创造了弗洛伊德的原初／次级过程二分法（这就是为什么我有时会将这个词写成

"un/conscious"，以此来表达意识和无意识之间的连续性，就像莫比乌斯环的两侧一样）。不仅是比昂，神经科学也是如此（Westen，1999）。这种二元对立也许应该被重新表述为一种连续体，一方面是在语言的言语能指和图像的非言语符号中发生的无限且不可控的意义生成，另一方面是概念和语义或语言意义的有限性。显然，人类的身体 - 心理结构的每个极点都包含它的对立面。一方面，图像具有意义是因为存在一个思考它们的主体（一个活生生的存在）；另一方面，词语的意义消失在语言能指的语义意义中（传达它的声学体或书写的痕迹）。因此，作为人格的精神分析功能的意识和无意识处于一种辩证关系中，就像个体或主体作为一个整体存在主体的一级和主体间的一级。两者不能只有其一，而没有其二。在这种图像与背景的永恒交互中，以及一方相对于另一方的强化中，关键的元素是注意的意图功能（intentional function）。在人类纯粹的交流能力中，以及始终作为主体间交流中的个人思维中，一种更具"类比"或"数字"性质的语言是更胜一筹的。根据维果茨基和卢里亚的观点（Vygotskij and Lurija，1984），语言的主要功能不是进行交流，而是控制注意力。对他们来说，重要的是区分由刺激引导的自然注意力和由语言引导的注意力，后者被他们称为"人工的"注意力。

从"梦工作"到"梦工作的阿尔法和清醒的梦思"

德文术语"traumarbeit"通常用于指称弗洛伊德所确定的在梦的建构中发挥作用的修辞机制,如浓缩(verdichtung)、置换(verschiebung)、对表现性的考虑(rücksicht auf darstellbarkeit)和次级修正(sekundäre bearbeitung)。梦的活动掩盖了梦中的潜在思考,这些梦思可能会干扰睡眠,并将其转化为失去令人不安的内容的显性形象。然而,通过使用做梦者的联想来解开梦的工作过程,可以追溯到这些内容。

浓缩是指单一形象可以代表几个形象的混合,就像隐喻一样;置换是指能量投注从一个形象转移到另一个形象(相当于换喻);表现性,或者对表现性的考虑,是指将思想转化为核心视觉形象;最后,次级修正是指一种最终编辑过程,使整体具有一定的一致性和可理解性,从而接近白日梦的特质。

如果无意识成为人格的精神分析功能,那么,比昂得出的结论是,这意味着我们白天和晚上都在做梦。夜间做梦只是一个更大且持续进行的过程中的一小部分,这个过程既在清醒时发生,也在睡梦时发生。清醒的梦思总是活跃的。通过阿尔法功能,它不断地将原初的情绪/感知体验(或贝塔元素)转译成意义单位(阿尔法元素)。这些元素不仅具有视觉特性,正

如象形 ① 文字所示，还包括听觉、嗅觉、味觉、触觉和动觉。最初，阿尔法功能以真实但不可见的形象构成叙事序列，就像一组记忆卡中的几张卡并排放置一样，只有在白日梦或清醒状态下做梦的刹那才能看到。在意识层面，主体产生了以文字（感觉、情感、行动）形式呈现的叙事插曲，也就是说，这些叙事已经是对梦序列的"诠释"，就像诗歌文本的注释一样，试图理解其中同时存在的不同层面的含义。② 比昂解释道，为了有做梦的能力，克莱因式"相位"③ 的辩证法必须是活跃的。他认为，它们在睡眠中得以协商；换句话说，对挑选出的事实的介入（分析师感到惊讶的可能成为使混乱的情况变得清晰的因素）标示出危机点，使心智从偏执 - 分裂位转换到抑郁位，反之亦然。④

因此，比昂关于梦的理论发生了根本性的变化。梦不再

---

① 第二个构成"象形"的英文"pictogram"这个词的成分——"gram"，来自希腊文" γραμμα "，源于" γράφω "（"写"）。

② 清醒的梦思的叙述派生物就像超声波心动图的波浪。它们与心脏解剖有跨模式的对应关系，但不是完美的同形。

③ 偏执 - 分裂位（PS）是一种焦虑和混乱占主导地位的心理状态，但也对新事物持开放态度；在抑郁位（D）上，占主导地位的是整合和觉醒，但也有一定的停滞。在非病理条件下，总是存在从一个位置到另一个位置的离散振荡，循环往复。

④ "挑选出的事实"就像一次有利可图的股市投资的机会，被认为即将增值；在我们的例子中，它指的是意义和效能。

是低级或次要的心理产物，对弗洛伊德而言，梦的唯一功能是截取可能干扰睡眠的刺激，因为它提供了一个关于无意识的不同寻常的窗口（Meltzer，1984）。此外，梦的工作并非始于婴儿欲望的原初牵引，后者通过审查的干预在显性文本中进行伪装。对比昂来说，做梦是心灵思考现实的方式（被称为"O"，源自"起源""零""阴道"等），因此也是思考和建构自己的方式。这就是为什么格罗特斯坦（Grotstein，2007；Civitarese，2013a）将其放置在网格的第 2 列，即真实的伪造 / 制造 / 构建的列（这自然也可能走向撒谎）。

做梦最终等同于对体验的"转译"，即思考。梦的阿尔法建立了"接触屏障"，这是一个动态且部分不透明的阈值，由阿尔法元素（如同我们的乐高积木）组成，它将无意识与意识区分开来，并实现心灵平衡的功能。基本上，这就像一位电影制片人选择是否使用微距或广角镜头来拍摄特定的场景或主题。只有当一个人能够将原始情绪和感知转化为阿尔法元素时，他才能保持清醒，或者入睡并做梦。如果接触屏障的两侧（Unc/Cs 公式中的斜杠）受到来自内部世界和实际现实的过度压力，并呈现出创伤的特性，它将阻止阿尔法功能及思考 / 做梦的正常运作。随后，接触屏障被贝塔屏幕取代，这是一个由贝塔元素组成的不透明的膜，如手术般地将无意识与意识隔离开来。然后，我们就会看到不同类型的心理痛苦，从精神病和幻觉的全然无意识，到与内在和情感的生命液体隔离的人们的超具体世界。后者是一种更为自我协调的阻碍形式，但在某些方面并不比"精神病"危害更少。但是，不引起联想的梦，以及被冻结、干燥和脱水的现实，都"类似于幻觉的扩散"（Bion，1992）。

在比昂看来，弗洛伊德主要考虑了梦的"消极"方面，即对内容的隐藏和变形过程，以及对意义的破坏，如果没有这些消极方面，梦的内容将立即被理解。而比昂强调了制定和综合体验的意义的积极方面。没有哪个对现实的有意识感知不是同时"被梦"的，也就是说，它是通过清醒的梦思的创造性活动被过滤出来的。比昂关心的是"必要的梦是如何被构建的"（Bion，1992；Civitarese，2013b）。正如费罗所说，梦是最不需要诠释和解码的心灵元素；相反，它们已经是个体的象征／诗意能力的相对成功的产物。

因此，弗洛伊德和比昂关于梦所具有的功能的概念之间存在明显的差异——一方面隐藏禁忌的思想，另一方面产生新的思想——它们以各种方式发挥作用，服务于情感体验的消化／转化。

一种新的情绪理论

比昂给予情绪以清晰的中心地位（Green，1998），而在弗
洛伊德那里，占主导地位的是视觉和表征（Barale，2008）。确
实，随着移情神经症的发明／发现，分析失去了纯认知过程的
特征，变成了一场人际和体验的旅程。然而，赫伯特·梅尔策
（Herbert Meltzer）强调弗洛伊德在整个工作中"缺乏实质性的
情感理论"（Meltzer，1984），因为他将情感视为"意义的表现
而不是意义的容器"（Meltzer，1984）。

梅兰妮·克莱因是第一个重新评估情感重要性的人，她通
过将分析的焦点转向此时此地被激活的患者早期的无意识幻
想，转向焦虑产生的地方。无意识的幻想始终根植于前俄狄浦
斯期的生活，并且受到强烈情感的影响。尽管如此，克莱因的
方法仍然被认为有些抽象，并遭到许多作者的批评，因为客体
（环境）的角色最终变得模糊了。

直到比昂理论的出现，当下的无意识情感体验才真正变得
重要。焦点不仅是患者的情感体验，还有分析师和患者带入存
在中的作为系统的分析组合的情感体验。在任何特定时刻，情
感都标志着维系二元组中两个成员关系的强弱，并在一致性的
自我框架内标志出主体的不同表征。比昂（Bion，1959）所描
述的"对连接的攻击"首先必须被理解为对关系纽带的攻击。

它必然与摧毁互动性微型"连接"的无限序列有关，这些"连接"建立了思维过程中产生的推理链条的稳固性。

由于弗洛伊德试图建立一门精神分析学科，因此他从生物学出发，对人类行为进行了深刻的解释，即他所谓的驱力。这或许是为什么梅尔策认为弗洛伊德未能成功地建立真正的情感理论，因为弗洛伊德通常将它们视为心理能量释放的产物。即使驱力理论，以及其促使心理分化产生的方式，必然涉及文化和语言——例如，使意识体验成为可能的词语表征所扮演的角色——我们在弗洛伊德那里也并没有找到要产生一个心智需要另一个心智这样的想法，至少不是以比昂使用的相同术语。①

如果说弗洛伊德的理论轨迹涉及从快乐原则到现实原则的过渡，那么比昂的理论轨迹可以被描述为，从缺乏意义到通过生活体验进行意义的主体间创造的转变。比昂关于思维的理论始于对真实的概念，后者被理解为一种强烈的关系体验。在他的作品中，唯一真正存在的"驱力"是格罗特斯坦（Grotstein，

①　参见 A. 格林（A. Green，1998）：比昂对客体的概念非常个人化。它不是弗洛伊德式的，也不同于克莱因式的。尽管听起来抽象，但事实上它比许多其他观点更有道理。对比昂来说，与乳房有关的直接的哺乳关系，不能解释这一体验的丰富性。母亲不仅用她的乳汁或乳房喂养婴儿，还在心理上滋养他，对他的情感和"心理"状态做白日梦。因此，她使婴儿能够通过她重新内化自己的投射，这些投射现在已经因她而发生改变。

2004）所谓的"真实驱力"，其中驱力一词至今也完全没有涉及任何身体和心理之间的桥梁概念的内涵，也没有任何与经济 - 能量类型相关的含义。但在其处于零度时，这个真实，即孩子可能赋予体验的任何意义的曙光，都是由与母亲的"合一"所表征的。这个想法中没有生物学的残留（如弗洛伊德的心理能量液压学那样），尽管我们可以明显地观察到每个心理现象在生物过程中都有相应的记载。对比昂来说，他所考虑的身体是生活的身体、主观的身体，可以归于意向性的身体，它以自己的方式"知道"和"理解"世界。

由于情绪波动可能是愉快 / 积极或不愉快 / 消极的，它们所表示的未消化的或原始的情绪波动将我们推离或推向物质的无形和无限混沌，我们必然继续成为其中的一部分。情绪体验不仅赋予经验以意义，而且促使进一步的分化。奥格登（Ogden，2008）非常有效地总结了这一点：

> 比昂的思维理论建立在心理功能的四个重叠且相互连接的原则之上：（1）思维是由人类对知道真实的需要驱动的——关于一个人是谁，以及他的生活中发生了什么的现实；（2）思维需要两个头脑来思考个体那些最令人不安的想法；（3）思维能力的发展是为了处理从个体令人不安的情绪体验中产生的思想；（4）人格中具有一种内在的精神

分析功能，而梦是通过该功能执行的主要过程。

此外，与弗洛伊德认为无意识完全异于现实原则不同，比昂认为，正如他向其中一位患者解释的那样，"如果没有幻想、没有梦，你就没有对你的问题进行思考的手段"（Bion，1967）。同时，合一与母亲欢迎和"梦想"孩子焦虑的能力相关联——本质上是为了认识和爱他。

可以看出，在比昂的理论中，情绪理论、真实驱动理论、无意识理论和梦的理论紧密地相互交织在一起。需要记住的基本观点是，对他来说，情绪总是与（人类的）关系有关，因此与H（恨）、L（爱）或K（知识）有关。正如他所写的（Bion，1962a）："情绪体验不能脱离关系被构想。"在这里，情绪是意义的同义词（即使它是美学的、符号学的、非语言的：一种多重原初情绪和原初感知元素的初级主体间综合体），而意义又是关系的同义词。最初使孩子（以及后来的成年人）对世界的体验秩序化的情绪和程序模式不仅由生物和本能确定，而且始终已然是社会的和文化的。一方面，在关系之外没有可能的意义，另一方面，每种意义又必然诞生于关系。根据这样的定义，我们所谓的意义不过就像工蜂在意识和无意识的相互认可（mutual recognition）中不断来回产生的蜜。

关于转化的概念

在大致回顾了比昂关于无意识、梦、思维和情绪的理论之后，现在让我们对转化概念作为一种特定的精神分析概念进行深入的探讨，并尝试解释为什么他采用这一概念。然后，我们将探讨其在临床工作技术方面的影响。

这里的问题是：弗洛伊德关于梦的扭曲（entstellung）原则与比昂的转化原则有何不同？精神分析并非处于玻璃通风橱中，而是产生自当时更广泛的社会背景中。20 世纪所有伟大的哲学，从胡塞尔（Husserl）和海德格尔（Heidegger）到梅洛 - 庞蒂和雅克·德里达（Jacques Derrida），实际上除了一方面解构了笛卡尔的唯我论，另一方面解构了从中产生的实证主义知识观之外，什么都没做。在哲学上，这等于坚定地断言，"我是我们，我们是我"（Hegel，1807）。在精神分析中，这等同于不再将分析性情境看作由两个孤立的单子组成，尽管二者在无意识地交换着事物，而是如拉康所说，将其看作一个"自我"即"他者"的地方。

从根本上讲，弗洛伊德认为——显然，这在某种程度上是简化——他能够捕捉无意识、"幻想"、创伤和历史的现实，因为他的黄金原则是梦的扭曲原则，他认为这是他完全独立完成的唯一发现（Freud，1932）。显然，"扭曲"一词包含了这样一种观念，即在梦的背后或下面隐藏着可以被检索到的真实或未被扭曲的东西。因此，揭示梦的工作有助于识别隐藏在梦的欺骗性图像"背后"或"下面"潜在的"真实"思想。弗洛伊德写道，梦不思考，不计算；它只是转化。比昂认真对待了最后一个术语，只不过他赋予了这个术语完全不同且绝对独创的含义。与弗洛伊德不同，对比昂来说，没有需要揭示的历史的或无意识的初级真实，只有需要进行的转化，以推动心智的发展，从而推动个体赋予经验以个人意义的能力的发展。

因此，扭曲和转化是非常不同的概念。那些说扭曲也是转化的人没有理解，这里谈到的转化只有在精神分析的具体概念中才有意义，而不是在其一般意义上。对比昂和 BFT 来说，转化意味着，我们越少用因果理论思考，就越能关注分析师和患者眼前的东西。这是一个明显的现象学原则：接近使我们能够观察到我们在其他情况下无法观察到的事物。这个原则之所以是现象学的，是因为它假定，为了增强信号，人们必须隔绝噪声。

比昂发展了他的转化概念作为精神分析中的一种新的观察理论，他认为这种理论"优于已经被有意识和无意识地使用的那些理论"（Bion，1965）。会谈成为一个动力场域，由两个有意识和无意识地相互联系的心智形成，并持续弥漫着各种类型和强度的情绪力量。就像一名优秀的冲浪者一样，分析师必须挑选出合适的海浪（"挑选出的事实"），然后让自己被它带到安全的海岸。

比昂对那种天真地以因果关系术语看待历史的传统方法提出了尖锐的批评。他将这种态度视为精神分析患有"精神病"的例子，表现为傲慢、好奇和愚蠢的症状（Bion，1958；Civitarese，2021a）。比昂所谴责的"炫技"在于假装能够用言语解释那些根据定义无法表达的事物。在理论/技术层面，这意味着过分重视语言的言语/语义方面，而没有充分考虑语言的非言语、情感、符号和美学方面。

那么，让我们问自己一个问题：转化概念有何独特之处？看一眼《转化：从学习到成长的变化》（*Transformations: Change from Learning to Growth*）一书的副书名，我们立刻就能理解更多。"从学习到成长的变化"，既是一份理论宣言，也是一个研究计划。从这个副书名中，比昂勾勒出了一个潜在于他的观念之下的理论变革，即在某种程度上，经典精神分析已经耗尽了其可能性，因此我们必须从头开始。今天，我们可以将其总结为从"证据范式"（Ginzburg，1986）到"美学范式"（Civitarese，2014）的转变，从持有怀疑的精神分析到抱有尊重的精神分析的转变（Nissim Momigliano，1992），或者说，从基于满足驱力的心灵发展模型到基于主体间①识别的模型的转变，即成为主体的过程是通过部分地相互自我疏离展开的。这就是比昂所做的：受到质疑的不是我们的动物性本身，而是它如何被引入人类的体验和意义的秩序。试图"了解"心灵痛苦的原因意味着理解在那个层面不起作用的是什么。这是从心理内在到主体间或跨个体的过渡，是从扭曲到转化的过渡。

当然，我们也可以找到对等的表述："从对现实的认识到变得真实"（Bion，1965）；以康德（Kant）的方式，更关注"如何"思考而不是思考"什么"；更关注存在而不是认知；从处理被认为是真实的现实表征之变形的精神分析，经由关于什么是主体间的真正成熟的信仰，转向处理转化过程的精神分析；从旨在使有意识变得无意识的精神分析，转向旨在使无意识变得有意识的精神分析，等等。为了表达"开始一个从体验中学

---

① 在整本书中，我以该术语的形容词和名词形式使用它，读者将能够根据上下文区分两种不同的方式：在描述性或现象学层面，它指的是两个人之间的简单互动；在本体论或心理学层面，它指的是将他们结合在一起的身份层面，也被称为"超验的"，因为它超越了意识和每个个体的单独存在的范围。在第二种意义上，个体的主体间性与个体的主体性辩证关联，取代了表达它的分离性。这些区别很重要，因为它们帮助我们克服关于个体的个体性和"群体性"之间的虚假二分法。正如我们所看到的，术语"主体"具有类似模糊的地位，可以通过区分其通常的用法（作为实证存在的主体）和推测性的用法来加以澄清，这个区分与其结构有关。

习的过程，以丰富主体的无 / 意识符号化能力"这样的概念，
比昂创造了动词词组"to unconscious"（朝向无意识），尽管他
只在过去分词"unconscioused"（被无意识的）中使用它，以
翻译德语单词"unbewusst"，即"无意识"（Bion，1992），或
者根据他所写的：个体必须与现实合而为一。

　　如果这是一个更为普遍的话语框架，那么我们在《转化》
一书中找到了更为详尽的回应："分析师的主要关注点必须是
他直接获取的材料，即分析性会谈本身的情绪体验。正是在对
这种体验的处理中，'转化'和'不变'的概念才可以起到启
发作用（Bion，1965）。"

　　让我们尝试总结一下比昂的一些主要理论原则。

- 只有分析师和患者眼前的东西才能被探寻和转化。

- 根据定义，分析师和患者共同的"O"，是"分析组合"
  实际的无意识情绪体验，或者可以说是他们的"基本
  假设"。

- 然而，"分析组合"共享的情绪体验永远无法被知悉，
  因为它是"最终的现实"，是一个自在物；它只代表可
  能的转化的起源（"O"）；如果我们能"看到"某物及
  这个某物"真实"的样子，我们就不需要转化的概念。

- 当处理会谈的情绪体验时，转化的概念是最有用的。在

显性层面，转化可以是患者的，也可以是分析师的；分析师的转化（诠释）从精神分析的角度来看也是转化。

不过，在《转化》一书中至少还有一个地方，比昂明确地表明了为什么他将这一概念置于他思考的中心：

> 就我所理解的通常赋予这个术语的意义而言，我对客观现实不作要求，但对我来说，一个（推测的）事实情境、一个（推测的）情绪状态（如恨）、一个表象（Tpβ）不断地结合在一起，我通过术语"转化"来记录（网格E3）或绑定（网格E1）它。

> 从转化理论可以得出结论，当我看到方程式 O，Tpα，Tpβ+L、H 或 K[①] 的一个元素时，其他元素也必然存在。但我不会假设其中一个是导致另一个的原因，尽管

[①] Tα（Transformation, process of）代表转化的过程、阿尔法功能，以及后续一系列思维运作的过程。Tβ（Transformation, final product of）代表转化的产物，Tβ+L、H 或 K 表示转化的产物以何种方式与客体连接，不同方式的连接可能会以不同的样貌被呈现（例如，某种感觉最终转化为胸口疼，这种疼可能是"心疼"——和 L 连接，"悲愤"——和 H 连接，"了解对方的感受"——和 K 连接）。Tα 和 Tβ 加上 p，即 Tpα（Transformation, act of, in the patient）和 Tpβ（Transformation, final product of, in the patient），分别代表患者的转化过程和转化产物。详见 Sandler, P C (2009). A Clinical Application of Bion's Concepts: 3. Karnac.——感谢段涤非、张沛超、李孟潮特别注释支持

为了方便起见，我可以（正如我在使用短语"因为恨"时所做的那样）采用因果关系理论来表达自己。事实上，通过用"转化"这个术语绑定那些看似不断结合的元素，我的目的是希望发现这种持续结合的意义（Bion，1965）。

因此，"意义"与"原因"是不同的。第一个术语指的是真实的实用理论，而第二个术语指的是一种表征主义的理论（"客观现实"的概念）。在这一段中，比昂提出了一种新的方法："我好像第一次看到哪些元素通常可以在一种配置中被找到，然后我检查这是不是循环的。因此，当我后来只看到其中一些时，我可以提出其他元素也可能存在的假设，即使它们不可见。"

这种可以被我们称为"现象学"的方法，意味着什么？像胡塞尔一样，比昂似乎认为，在我们体验客体的三种不相关的方式中——符号的（通过语言行为）、表征的（通过相似物）和感知的——只有第三种方式能够以亲身感受的方式（leibhaftig）呈现给我们实实在在的事物。当我们在另一个人面前时，我们设法对他的心理状态产生共情性的理解，这种理解具有准感知的特征，如"气得脸都绿了"或"羞得满脸通红"等常见表达所反映的那样。这种理解（如果是一对一的，也可以被称为"一致性"），是通过"耦合"["感觉的相互传递"

或"相互唤醒"、类比转移或"跨模态匹配"（Zahavi，2014）]
实现的。在使用这种方法时，体验的统一原则受到考验。在某
种意义上，所有的精神分析模型，尤其是关系模型，都是基于
类似的现象学还原，只是以更为局部的方式，并且最重要的
是，大多数模型保留了主体和无意识的传统概念。传统的无意
识概念不是比昂所勾画的作为人格的精神分析功能的无意识，
而是古典理论中被压抑的无意识。

当然，在所有这一切中，比昂重新从梅兰妮·克莱因开
始，并将儿童游戏与成年人的梦进行了比较，这是一种卓越的
创新。在婴儿分析中进行的游戏涉及一系列在比昂的理论中才
真正明确的概念。在玩耍中，一切都是游戏（会谈中的一切都
是梦的虚构世界的一部分）；在"精神分析游戏"中，分析师
是完全参与其中的，展开的叙事是所有玩家共同贡献的结果；
游戏提供了事先同意的规则——即使规则是在那一刻发明的，
那些属于作为游戏背景的更大的关系游戏的规则也不会停止存
在。在游戏中，重要的不是主要人物或情节，而是如何通过设
计故事学会符号化（去做梦，去思考——去转译体验）。在内
部世界的剧场中，鲜活的内部客体（角色）不断编织着随后赋
予外部世界的体验以意义的模式。这些内部客体并不完全符合
表象，而是表达了由于原始关系、作为整体情境的移情的程度
和早熟的概念，以及投射性认同的原始主体间概念，逐渐被刻

在身体中的程序模式。

通过采用这一观点，比昂试图纠正通常发生的情况，例如，分析师何时阅读患者的历史，也包括会谈的协议，何时立即将某些事实与假设事件联结为紧密的因果关系。然后，未知场域——不是任何模糊和泛泛的东西，而是共同的无意识情绪体验——立即被已知的东西填满。"转化"概念强调了现象学观察的重要性，并避免陷入将知识的普遍性完全基于客体（天真的现实主义）或主体（天真的理想主义）的对立概念——避免建立直接和"显而易见"的因果关系。通过这种方式，它也防御性地避免了将符号化过程瓦解为某种预期的创伤理论。

正如我们将在下文更清楚地看到的那样，这是比昂在《转化》中引入"O"这一概念的主要原因之一，他要以很大的力量肯定一种系统性怀疑的原则，其功能性的价值在于将分析性倾听提升到新的高度，以克服历史或客观数据的"神话"。

因此，从本质上讲，"转化"这个术语传达了如下观念。

- 关于过程的观念，即转化是在 A 和 B 之间发生的事情，而不仅仅是在 A 或 B 身上发生的事情。
- 在"认识论"上关注认识模式，这呼应了从前批判哲学到批判哲学的转变，这一转变在比昂的理论中变成了一种关于思维的理论，即一种首先质疑认识能力的理论。

- 任何形而上学或实证主义主张的危机（能够识别终极真实的想法），因为受转化影响的"O"而永远无法直接获得。

- 反对所有肤浅的折中主义，主张制定更适当的理论来描述分析性事实，只要采用的极点是科学的而不是教条的；因此，从库恩式的角度看，这也是理论之间存在的（互相尊重的）竞争。

- 最后但同样重要的是，为了描述相同的事物（显然它们永远不可能是"相同的"），需要创造新的术语，以弥补已有术语所遭受的"磨损"。这就是比昂广泛借鉴逻辑学、哲学、数学、神秘主义和文学等互文知识的主要起源；首先也最重要的，是为了服务于他自己的目标，即使用精神分析的极点。与弗洛伊德一样，比昂是一个活生生的多产知识游牧者，值得所有分析师追随。

让我们更详细地讨论上面的一些观点，并提出以下问题：如果比昂放弃了"客观现实"的概念，那么他将如何设法保持任何关于真实的观念？他该如何使之成为他所说的"心灵的食物"？最后，他将如何把真实视为他希望发展的唯一"驱力"？

当我们说唯一重要的是会谈的 O 时，这是什么意思

　　如果精神分析理论发展的归宿，正如我们试图描述的那样，是对分析师主观性的最大尊重（我们称之为精神分析历史中的"共同主线"），这意味着在分析中唯一重要的是关注此时此地发生的事情，以及共享的无意识情绪氛围（O）。为什么是这样？因为每当我们偏离此时此地，我们便回到了再次将患者客观化的境地——实际上，这就好像我们停止以最激进、最包容的方式查看我们的无意识在决定要探寻的事实时所起的作用。然而，比昂对会谈中 O 的表达方式让许多人感到困惑。我们需要简化一些事情。我们想要理解 O 是什么吗？那么我们必须熟悉比昂的团体理论。比昂告诉我们，当团体充满强烈的无意识情绪时，它们会像一个单一的实体一样行动，他称之为"基本假设"。这些基本假设中的一些（在复杂的团体或工作团体中）指向发展，而另一些则指向退行（战斗/逃跑或依赖）。当然，这些假设中没有一个是纯粹的。

　　让我们想象一家医院中的精神科团队，因为定期受到爆炸性情绪的影响，这个团队有时会不再具有治疗性。危险的付诸行动、暴力、未能传递信息等问题会随之出现。精神科团队的主要工作（但同样适用于任何群体）是进行维护，使其能够再

次成为一个工作团体。实现这个目标没有捷径，唯一的方法是提供自我观察 / 监督的功能。如果我们思考团体的工作方式，我们很容易认为它们可以像一个实体一样行事，如以攻击或逃避的模式等。既然如此，为什么我们发现，将分析组合——或者，正如我们所说的，二元组——看作一个真正的团体是如此困难呢？

实际上，主体自身就已经是一个作为个体的内部团体，由无限的先前认同形成，这些认同在不断地彼此对话；即使是两个具体的个体也遵循团体的相同规律发挥作用。还是那句话，我们想要理解的会谈的 O 是什么？一种接近比昂概念的实用且有用的方式可能是，将其作为会谈中分析师 - 患者"团体"的基本假设来思考。如果我们承认这个关于情绪氛围的基本假设可能是极为积极或极具建设性的，我们就能理解，为什么我们有必要了解每一刻的潜在数学符号，无论是加号（+）还是减号（−）。不言而喻的是，就像在精神病工作组或足球队等例子中一样，如果符号是减号（−），我们就必须将其转变为加号（+）；或者，使用克莱因的术语，从偏执 - 分裂位（PS）到抑郁位（D）。加号（+）表示团体（以及构成它的个体）的心灵成长，因为它能够通过鼓励主体化的过程，不带分裂也不失认同地接受新的思想。

在 O 和 K 中，转化的含义是什么

这种差异可以通过前面概述的内容加以解释。不基于会谈中经历过的体验的智力知识（K）是残缺的。这有两个原因：（1）由于它主要适用于已知的事物而不是未知的事物，因此它只是满足了一种对拥有关于他人的超然知识的渴望，而不是参与到一个充满生机的关系中；（2）它更容易与情感的和身体的知识分离开来，只有当分析师重新发现自己像患者一样是舞台上的主要演员时，情感的和身体的知识才会被触发。大多数寻求分析的人恰恰遭受着一种去个人化的或在抽象（智力）和情感（身体）思维之间分裂的困扰。对抗焦虑的理智化防御变得过度发达，因为它们被用来弥补情感或身体知识的不足，这通常指的是情感或关系能力的概念。

对分析师来说，问题在于如何进入这个存在层面，它不是有关抽象意义的语言层面，而是由所谓的内隐知识或程序性知识的模式或形式所代表的层面。显然，精神分析的诠释总是具有智力的成分。那么，问题就在于要看这个智力内容是否被认为是一个假定的隐藏的真实（如果它仅限于 K），或是一些确切导致 O 的东西，即从情绪经验中学习的部分；它是否鼓励一种交互和沉浸的替代游戏，或者是否因为促进前者而损害后者。比昂和 BFT 假定，咨询室中的情绪氛围总是充满

爱（L）或恨（H）；换句话说，它或是前进的，或是退行的
（Civitarese，2020，2021a）。这是主导分析过程的基本辩证组
合，因为在本质上，知识（K）作为第三实体可以同时促进爱
与恨。

主体间性和 BFT

"主体间性"（intersubjectivity）这一概念是总结当前精神
分析范式的一个不错的方式。分析师在区分自己与基于笛卡尔
式孤立主体概念（以唯我论的方式试图理解自己）的精神分析
模型时，遵循了胡塞尔［有时也包括黑格尔——然而，他使用
了不同的术语"认可（recognition）/ 承认（Anerkennung）"］。
20 世纪的整个哲学体系都试图推翻笛卡尔的基座，而我认为这
是非常成功的。

除非在一个团体中，否则思考个体是没有意义的。我们所
谓的主体、此在或存在，就像一枚硬币有不可分的两面，它们
通常被称为"主体性"和"主体间性"（Civitarese，2021b）。
这两个面之间的关系是辩证的，也就是说，一个不能离开另一
个而存在。我们不能说主体性首先作为主体的个体一端存在，
然后才是主体间性，反之亦然。从一开始，自然界的物质就受

到相互对立的自然力的转化作用，它们要么都在那里，要么都不在那里。这对于前反身性或前语言的主体性和主体间性（如动物的情况），以及语言的主体性和主体间性（完全人类）都是成立的。

关键在于，主体间性不应被理解为两个独立个体的简单互动。这样的说法是平庸的，无此即无彼。相反，主体间性应被解释为指向存在于既是生物/本能又是语言/文化的共同背景，即在性质上是均质而不可分辨的。胡塞尔一生一直围绕"主体间性"进行研究，而弗洛伊德则围绕"无意识"进行研究。我们将自己看作单子，是自治的主体，是我们自己思想和活动的中心——这是"可见之物"。困难的一点是看到主体间性或无意识的无形之物。胡塞尔和弗洛伊德都是哲学家布伦塔诺（Brentano）的学生（Aenishanslin，2019），他们都以孤立的主体为出发点，好像他们试图激进地表达笛卡尔"我思故我在"的立场，但他们都被迫考虑到"主体"意味着成为某物的主体；它如果不是他者，又是什么？

不同的精神分析模型宣称自己是主体间性的，但随后都或多或少落在单人心理学而不是团体心理学（与"关系"或"双人"相对）的范式下。另一个存在的误解是，认为主体间性意味着患者和分析师之间存在完全的对称性。如果在关系的无意识层面假定对称性是有意义的，那么其在意识层面就肯定是没有意义的；然而，如果意识和无意识可以被看作莫比乌斯环的两个面向——实际上是一个面的 180 度旋转，那么这个区别就应该被辩证地看待。总之，从黑格尔到胡塞尔和梅洛 - 庞蒂，在哲学中了解"主体间性"意味着什么，有助于我们更精细地定义"第三方""场域""无限的无意识"（Bion，1965），或者共同或共享的无意识等概念，并从中提炼出连贯的临床工作技术。

为什么 BFT 是更为彻底的主体间性

BFT 没有将事件视为主体间的、对称的、共同生成的或共同构建的平面限制在关系的一个限定领域之内——在这个领域之外，关于事物的现实观点仍然（天真地）存在于会谈中。相反，作为一个假设，它严格地认为几乎任何事物都可以从无意识事件的角度来解释，而不仅仅是那些可归因于患者人格中分裂的方面。当这一方面被调动起来时，对这一领域的建构最终将追溯到患者的病理。但这难道不是违反了无意识领域对称性的基本原则吗？

让我举个例子。如果一位患者告诉我一个梦，我不仅仅将其视为患者在家中的某个晚上做的梦（即使这本身已经很重要了），而是通过将无意义的贝塔元素转化为言语元素和有意义的表征，将梦的故事视为我自己与患者一起在此时此地共同经历的梦的一部分。无论是谁在讲述这个梦（无论遐想或幻想属于谁），它都是我们一起做的梦。

再举一个例子：一位患者跟我讲述他童年时的一次创伤性事件，这已经告诉了我很多有关他和他的个性的内容。但是，通过添加另一个透镜，我将这些信息放在一边，并将其视为我们在现实生活中共同经历的一个关于梦的叙事。我为什么要这样做呢？因为对我来说，这样更容易凭直觉感受故事所表达的情绪体验，并继续将其带回到分析性场域。这一举动中产生了一系列相关的理论和技术后果，无论是在理论上还是在技术上。

容器 / 内容物

这个公式是由比昂构想出来的，用来描述两个术语之间联系的性质和质量，既简单又与实际生活的经验相符。有关具体关系的例子还包括（比昂还使用了女性和男性的符号：♀♂）嘴巴 / 乳头、阴道 / 阴茎、群体 / 个体、母亲 / 孩子，等等。容器 / 内容物的关系总是多重和相互的，并且在小规模互动的情况下也几乎是无限的。婴儿的嘴巴中含有乳头，乳头中含有乳汁，与此同时婴儿被抱在母亲的怀里，而两者又存在于支撑和支持它们的更广泛的背景中，以此类推。♀♂是一个非常强大且灵活的工具。如果它是投射性认同概念的继承者，那么比昂将其重新塑造为一个性的隐喻（这也可以从他选择用来代表它的符号中看出），或者作为消化器官的心智的隐喻。它立即让人们了解到，如果过多的内容（内容物）被强行放入一个不适当的容器中，或者反之，如果容器变得无限，不再能真正容纳和赋予内容物以形式（意义），会发生什么。

要想回答这个关键问题，我们需要记住母婴关系的模型（我特意没有说"母亲-孩子关系"）。母亲能够在婴儿甚至还不理解词语含义的时候，给予婴儿以心智。这只能是基于本体感觉和外体感觉韵律、情绪的最初萌芽、行动和习惯的新生模式等的同调。其核心是相互情感调节的过程，即对原始或非言语"概念"的协商。我们说比昂将情绪放回精神分析的核心，而在弗洛伊德那里，同样的角色由表征得以发挥作用。焦点在于体现一个团体（即使只是两个人）特征的进展／倒退过程，是由基本假设的相互作用决定的。比昂的精神分析是反对智力主义的。其目标是识别基本假设以进行修改。每当秩序被创造时，心智都会由此诞生和成长，并且这只能在社会层面发生。扩展心智意味着扩大无意识，比昂将其理解为人格的精神分析功能，它负责赋予生活体验以意义。精神分析不再是从无意识到意识的转译，而是相反。无意识不再被看作被个体封装的"但丁地狱"，而是被看作前语言和语言的主体间性维度，两者与前语言和语言的主体性维度进行辩证的互动，从而使成为主体的过程得以展开。这一观点与弗洛伊德的观点的距离可能看似无法逾越，但是，我重申一遍，如果我们经由梅兰妮·克莱因在梦和游戏之间、游戏和象征化工作之间建立的等式进行过渡，情况就不是这样了。

在理想情况下，我们可以在每个会谈结束时测量一次心理增长指数（psychic growth index，PGI），就像在华尔街每天收盘时计算道琼斯指数（Dow Jones Index，DJI）一样。它将反映主体感受到的能动性或能够作为一个自由的人进行感觉和行动的力量的增加，这主要是以累积的方式发生的（累积增长），因此往往是不被注意的。

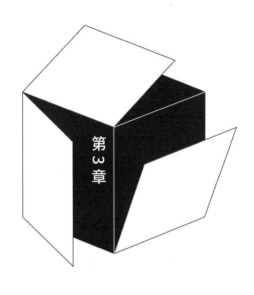

第 3 章

母婴关系模型

在 BFT 中，照护就是在母子关系中创造一个新的心智的
过程。因此，在回顾一些工作模式之前，我们值得在这方面花
一些篇幅。比昂与弗洛伊德和温尼科特不同，与温尼科特相
比，比昂也许不太"临床"而更为理论化，他将母子关系置于
精神分析的中心，作为理解心智如何首次被创造，以及随后如
何发展的模型。这是他的论文《思维的精神分析研究》(The
Psycho-Analytic Study of Thinking，1962b) 中包含的主要创新
之一，并且与比昂拒绝初级和次级过程之间的二元对立，以及
引入阿尔法功能的概念相一致。然而，我们应该谈论的不是母
子模型，而是母婴模型。事实上，"婴儿"这个术语指的是尚
不能理解词语的抽象含义的孩子。如果我们专注于关系的这个
阶段，我们就能得到一个关于成人精神分析中非言语交流的更
为清晰的解释模型，这是我们在任何分析和任何类型的患者身
上随着时间的推移意识到的一个核心方面。

　　我们对母亲和婴儿如何交流的想法基于"容器 / 内容物"的概念。这是比昂最著名、最简洁、最多变且最有效的隐喻之一。孩子将其焦虑传递给母亲。如果母亲足够通透，并且具备遐想的能力，她就会允许这些焦虑在她的内部停留一段时间并对其进行转化。一旦它们被"缓解"或消化，她就会以孩子能够处理的形式将它们还给孩子。如果母亲不能进行遐想（不是以传统意义上的幻想方式，而是以一种爱的方式，用充满感情的目光望向对方，并对孩子将成为什么样的人充满"期待"），那么相同的焦虑会以加剧的形式反弹到孩子身上，变成"无名的恐惧"（nameless terror）。"无名的恐惧"这个表达是合适的，因为它暗示了可能影响孩子的象征思维发展的一种特殊的抑制，即对于事物找不到相应的语词，或者说是"无名"的。

　　有时，这个模型以一种过于单向的意义被理解，没有充分思考事情在进展得很顺利和不顺利时，都标志着关系的相互性。首先，让我们澄清一下：当我们说母亲"容纳"孩子的焦虑时，我们不应该把它仅仅视为一种意识层面的意图过程。一切都是沿着无法直接受到控制的通信渠道传播的。这立即使得诠释性概念变得更加简洁和清晰了，这些概念包括"合一""容纳"甚至"认可"等。其次，让我们自问一个问题：更让我们信服的是"接受和归还"的概念，还是关于"双人舞蹈"的概念？在"双人舞蹈"概念中，母亲和孩子在某一时刻同步他们的动作和表达，最终形成一个能够在不同程度上转化贯穿其中的情绪波动的动力系统。如果只有孩子或只有母亲在场，这一双人舞蹈将无法展开。

例如，在胡塞尔之后，梅洛－庞蒂的全部作品都试图超越困扰心理学的主体／客体二分法。他与比昂的观点相左，后者认为情绪是无法感知的（Civitarese，2015a）。相反，梅洛－庞蒂认为情绪总是可以在他人那里被读取，它们总是通过身体和行动被表达出来。正如他所写的：

> 我们必须摒弃这种使爱、恨或愤怒成为"内在现实"的偏见，使它们仅对单一的见证者（感受它们的人）可见。愤怒、羞耻、恨和爱不是隐藏在他人意识深处的心理事实：它们是可从外部看到的行为类型或行为风格。它们存在于人们的脸上或手势中，而不是隐藏在他们背后……情绪不是心理上的内在事实，而是在我们与他人和世界的关系中的一种变量，它表现在我们的身体态度中（Merleau-Ponty，1945b）。

在其他地方，他补充道，"视觉是一种凝视的触感……看者和事物之间的肉体厚度对于事物的可见性和看者的实体性而言具有构成性；它不是看者和事物之间的障碍物，而是二者沟通的手段"（Merleau-Ponty，1964）；或者说，"看者和可见之物互相回应，我们不再知道哪个在看，哪个在被看"（Merleau-Ponty，1964）。

之后，正如格式塔心理学研究的构成图形的元素的例子中呈现的那样，一种"自主"的身体间性（intercorporeity）产生了：就像一个音乐图案（无论是被找到的还是被创造的）。温尼科特可能会说，每个独立的部分都可以预示结局，因此它们直接受到影响，并感觉被包裹和包容。富克斯（Fuchs）和德·耶格（De Jaegher）描述了这个过程：

> 当两个个体互动时……他们在身体动作、言辞、手势、凝视等方面的协调，可以获得如此大的势头，以至于它超越了个体的意图，于是产生了共同的意义建构……"之间性"成为双方操作性意向的源泉。他们每个人的行为和体验都与在过程之外时有所不同，并且意义是被共同创造的，其被创造的方式不一定能归因于其中任何一方（Fuchs and De Jaegher，2009）。

因此，"双人舞蹈"按照可逆性或反射的原则展开。类似地，如果我用右手触摸左手，我得到的不仅仅是一种感觉，而是一种感知，因为被触摸的手本身具有敏感性，并触摸着那只触摸它的手；如果我触摸、感觉并看着另一个人，我得到的是一种不同但类似的可逆性或反身性。在第一种情况下构成我整个肉身的东西，在第二种情况下构成了"世界的肉身"（Merleau-Ponty，1964）。感知觉（敏感性）在很大的可能性上是被给予的，而可见性驻留在这种经验的交叉结构中。

无论母子之间的交流多么密集，我都认为这种观点比起他们之间的纯粹互动更有说服力。因此，我们不再说，是母亲在单向包容孩子的情绪，有时孩子甚至必须承担母亲的焦虑。相反，我们可能会想到由母子双方的运动构成的一个场域；一种结构或装置作为一个整体有时促进有时阻碍两者的成长；也就是说，它可以在进步或倒退的意义上发挥作用。

当然，我提出的观点存在一个明显的异议：母亲和婴儿的象征能力差异巨大。确实如此。但是，如果我们试图想象真实的互动情况，我们是否还会确信，例如，孩子在他的水平上（或者存在的"方式"上）对母亲的刺激做出反应的能力，以及在必要时容纳母亲焦虑的能力，与母亲容纳孩子的反射性能力相比，不是同样强大吗？或者，我们是否确信，孩子对母亲的不回应，与母亲对孩子的情感不响应，不是同样具有瓦解作用吗？我想说的是，当我们试图建立更具有说服力的母子关系变迁模型时，也许我们应该采取比我们通常所做的更全面、更具主体间性、更平等的观点。我相信，以这种方式思考有助于我们使母婴关系和分析师 - 患者关系对称化，并更有意义地理解非言语交流的价值。

如果我们将这种差异放在一边，假设孩子对母亲的依赖远远大于母亲对孩子的依赖，那么也许我们能更好地领会他们共同进行的这种特别的"舞蹈"的意义。如果我们思考黑格尔用仆人 - 主人辩证法的模型来概念化认知动力学的方式，那么我们会惊讶于在该模型中主人拥有一切，而仆人只有依赖状态。因此，黑格尔从文学中提取巧妙的例子来阐述他的论点，例如，克瑞翁（Creon）是城市的领主，而安提戈涅（Antigone）则没有具体的权力①；同样，拉摩（Rameau）的侄子②完全依赖于富有的伯廷（Bertin）。然而，理解"相互认可"就意味着要理解在基本层面所有这些差异都将消失。构建情感纽带的相互认可不容许层次结构存在。用弗洛伊德在《文明及其不满》（*Civilization and its Discontents*，1930）一书的脚注中的话来说，它基于"被爱的体验"（liebeserfahrung）。如果没有被爱的体验，而只有具体的元素和符号技巧，相互认可将不会是这种

---

① 克瑞翁和安提戈涅是古希腊悲剧《安提戈涅》（*Antigone*）中的人物。这部悲剧是古希腊剧作家索福克勒斯（Sophocles）的作品之一，讲述了特洛伊战争后发生在底比斯的一系列悲剧事件。安提戈涅是主人公，她违抗国王克瑞翁的法令，埋葬了被判定为叛国者的兄弟。克瑞翁是底比斯的国王，他的命令违背了神灵的法则，导致了悲剧的发生。——译者注

② 拉摩的侄子是 18 世纪法国启蒙时期的哲学家德尼·狄德罗（Denis Diderot）的讽刺小说《拉摩的侄儿》（*Rameau's Nephew*）中的主人公。在小说中，主人公是一个名叫拉摩的音乐家的侄子，他浪荡不羁，没有固定职业，经常靠富人资助来维持生计。——译者注

情况。

正如我们所知，温尼科特（Winnicott，1965）提到了孩子对母亲的双重依赖（物质和精神上的）。但我们还应该更多地谈论母亲对孩子的依赖。这种依赖也许不是"双重的"，如果我们想排除物质方面的因素的话，但肯定是情感方面的。如果我们再考虑母亲在生活不顺利时可能经历的心理痛苦，那么在这里我们也可以谈论双重依赖，因为关系的失败最终产生的后果，可能不仅仅是精神层面的。

如果我们采用一个不那么单向的路径，换句话说，如果我们不仅像温尼科特所假定的那样认为"不存在孩子"（除非孩子与母亲一起被看见），而且尝试超越"关系性"或仅仅是互动的视角，我们会得到什么呢？在我看来，这种观点在比昂提出的以下观点中是隐含的："母亲遐想的能力是婴儿通过其（原始的）意识获得自我感觉的感受器官（Bion，1962b）。"如果母亲的进化了的意识与孩子的原始意识相重叠，那就意味着我们假定一个整体的存在，这个整体超越了其组成部分的总和。因此，如果我们想要像在法庭上那样，就关系的质量方面评估伴侣的责任，那么将母亲和婴儿之间的具体差异及他们抽象的象征能力之间的巨大差距放在一边的举动就没有意义。鉴于我们的目标是尽可能地专注于母婴互动在情绪层面的动力，这种现象学选项会帮助我们看到那些我们若不是如此就不会看到的事物。

这使我们能够更好地理解母亲的痛苦，更少沉溺于充满负罪感的态度，正如我们所知，这种态度是如此普遍，以至于成为俏皮话的根源（"分析师总是生母亲的气"）。对母亲角色的"过分评估"源于对抽象思维和分析的认识论层面的过度评估，相对而言，低估了本体论的、情感的或"生成的"层面。我试图提出的观点与比昂的观点一致，即更看重一种描绘性或观察性的观点，而不是遗传学或因果论的观点。我的想法是，后者可能会致命地掩盖前者。

如果将我们所说的内容转移到成人精神分析中，我们同样应该避免将分析师明确描述为持续容纳患者的角色，或者将患者仅仅描述为只是偶尔容纳分析师的角色（如比昂的"最佳同事"概念）。通过这种方式，我们将获得一个更具说服力的模型，该模型描述了我所谓的"舞蹈"在关系的无意识层面是如何进行的。显然，母亲和分析师有意识地试图引导关系朝着"关怀"的概念发展——在"照顾"和治疗的两个层面。然而，当我们进入会谈的过程性和无意识现象领域时，不改变我们的视角可能是有局限的。

我认为，为了实现这一目标，接受梅洛－庞蒂提出的"身体间性"的观念可能是有益的。也许我们应该将投射性认同看作开启连接、沟通的通道、构成接口的动脉和静脉血管，就像胎儿生命中的胎盘一样，始终以双向的方式"自动"运行。于是，我们更容易拥有一个整体的形象，一个功能性的配对，而不是经由无形媒介，从一个主体"跳"到另一个主体。正如我们所见，容器/内容物模型背后存在着交媾的性隐喻，因此最终也包含了狂喜/感官联合的隐喻，这并非巧合。如果我们使用投射性认同来概念化这个功能性的实体，我们会清晰地看到容器是如何扩展的，而且事实上我们是如何成为由线条连接的社群的一部分，只有当我们将它想象为肉体的而不仅仅是"精神的"时，我们才能真正领会其本质（早在1945年，梅洛-庞蒂就写道，"我是一个场域，我是一种体验""我是一个主体间的场域"或"正如我身体的不同部分共同构成了一个系统，他人的身体和我的身体是一个整体，是一个现象的两个方面，是无名的存在，我的身体不持续地作为其痕迹，因此同时存在于这两个身体中"）。没有肉体、实体或感性，就不会有灵魂。如果我们选择这种"科幻小说"般的概念，而不是弗洛伊德孤立地把孩子作为蛋壳中的鸟来看待的概念（Freud，1911），那么这将使我们更深刻地理解温尼科特关于没有母亲就没有孩子的著名说法。

在2019年的威尼斯双年展上，阿塞拜疆艺术家卡南·阿利耶夫（Kanan Aliyev）和乌尔维耶亚·阿利耶娃（Ulviyya Aliyeva）呈现了作品《弹簧效应》（*The Slinky Effect*；"slinky"

还意味着偷偷摸摸的、潜行的、秘密的、淫荡的），这是一件由女性和男性形象组成的现代雕塑装置，其中男性和女性形象通过一根巨大的弹簧相连，从一个形象的头部延伸到另一个形象。该作品的意图是让人们思考虚拟现实具有异化的方面。对我们来说，这个形象充分表达了主体性的反笛卡尔观念。毕竟，投射性认同是联结两种异化的方式，一种异化构成了主体，另一种异化动摇主体。

实际上，卡南·阿利耶夫创作的形象仍然过于具有关系性；它似乎仍然过于关注分离的"头部"之间的连接。我想提出的观念也许可以通过瓜里恩托（Guariento）的两幅画来更好地传达，一幅题为《十个天使的团体》（*Group of Ten Angels*），另一幅是《武装天使的阵列》（*Array of Armed Angels*），它们可以在帕多瓦的埃雷米塔尼市民博物馆找到。两幅画展示了相互叠加的云雾。这些云雾有时被描绘为环绕着光芒，这些金色的圆盘象征着灵魂的光辉，贯穿所有的天使，将它们融为一个整体。

在这里，我的目标是建构一种母婴关系模型，但同样也是任何其他关系的模型，这个模型建立在比昂所描绘的投射性认同过程 ↔ 母亲的遐想能力 / 阿尔法功能的基础上，但也建立在他思想中普遍存在的群体灵感上，他强调把情绪作为一个敏感的概念或思想及原始的抽象，并把"真实"这一概念作为心灵的粮食。

沿着这条路走下去，人们可能会认为，与温尼科特的方法相比（他向我们展示了真实的孩子如何与母亲互动，只需想想温暖的过渡性客体这一惊人的概念，如我们都喜爱和珍视的那块有安抚作用的布），比昂的"理论"中的孩子矛盾地更接近于具有身体间性和具身的主体间性的本质维度，这在后来促成了 BFT 的发展。

然而，值得一提的是，比昂开创的技术，以及后来由其他作者发展的技术，确实将温尼科特著名的原则付诸实践，这一原则温尼科特本人可能并没有实践。对温尼科特来说，母亲和孩子构成了一个系统，但这个系统并没有被概念化为我们所见到的梅洛 - 庞蒂赋予这个术语的根本意义上的领域。我们引用梅洛 - 庞蒂绝非偶然，因为他是巴兰哲夫妇场域理论的起源，并且与比昂对梦和无意识的构想非常接近。这一悖论的一种可能的解释是，通常而言，比昂是从对小团体研究的角度出发来看待母亲 - 孩子作为组合 / 团体的，他将投射性认同看作一种正常的、同时的，并且实际上总是双向的沟通形式，但我们同样可以将这种解释扩展到"正常"范围之外。

这就是为什么在我看来，"内摄性认同"的概念并没有被广泛使用：因为它已经被纳入投射性认同的概念中了。如果我从自己身上取出某物并将其放在他人身上，我不仅仅是将他从他自己那里部分地异化出去，而且我自己也在被他调整 / 否定。

换句话说，投射性认同的概念在本质上是辩证的。当然，人们永远不应该忘记，比昂的主体间性观念是基于对无意识和梦的概念的一种根本的修订。我的论点是，在比昂看来，从本质上讲，在母婴关系模型中，以及更普遍地在他思想的所有后续发展中，团体功能模型始终作为一个隐秘的理论化操作起作用，也许是无意识的（Civitarese，2021c）。

总的来说，我在这里提出的观点是，一方面，比昂对母婴关系的看法在改变当代精神分析的范式方面产生了重大影响；另一方面，如果考虑 BFT 的发展，我们就会看到它也起到了一种非凡的启发作用。让我快速概述一下我的这一论点中的基本要点。

- 投射性认同即使作为正常的非言语沟通模型（正如比昂所指出的），也可以被解读为具有黑格尔所谓的认同的辩证性的完整精神分析理论，这个术语我们认为与"合一"是同义词。

- 在"思维的精神分析研究"（Bion，1962b）中，比昂提供了一个非凡的辩证模型，从物 / 非物或乳房 / 非乳房相对于虚无的游戏开始，从由客体缺失引起的忍受挫败的原则出发，凭直觉感受到了时间性的起源（Civitarese，2019a）。在这方面，我再次强调，从母婴模型而不是从母亲-孩子关系开始至关重要。也就是说，我们必须询问的是，一个不理解词汇含义的孩子如何发展出心灵。

- 比昂强调情绪的意义是一种"概念"或"感觉观念"（身体图式，内隐记忆等），情绪真实（emotional truth）受到伴侣和滋养心灵的食物的协调。当情感是积极的时候，它表达了来自相互认可的结合的愉悦感。

- 在比昂思想的群体灵感下，他开创了真正的身体间性或主体间性的精神分析——精神分析不仅仅被理解为简单的互动，而是一个动力场域。这是我重新解释容器／内容物关系的意义所在。笛卡尔的观点将主体视为一种无实体的超验自我，比昂为我们提供了超越笛卡尔式主体观的工具，从而发展出一个更具说服力的理论，将主体作为一个有生命的身体，将无意识作为人格的象征功能，将梦作为心灵和身体的诗歌。在比昂那里，这一切并不像"密涅瓦（Minerva）从朱庇特（Jupiter）的头颅中诞生一样"①是事先制作好的；我们需要做的是理解

---

① 在古罗马神话中，密涅瓦是智慧、战争、月亮和记忆女神，相当于希腊神话中的雅典娜（Athena）。传说中，密涅瓦并非经过常规的生育过程而降生，而是直接从她的父亲朱庇特［相当于希腊神话中的宙斯（Zeus）］的头颅中诞生的。因此，就像密涅瓦从朱庇特的头颅中诞生一样，这个表达方式也比喻智慧和创造力的突现和直接性。——译者注

比昂的这些思想种子，之后我们在 BFT 中可以找到这些思想种子开花结果的发展。

- 比昂极力推动了母婴关系，因此也提出了一种即使当孩子尚未获得语言能力时，心灵也可以发展的模型，并以此作为成人精神分析的模型。由此可见，也许我们应该修正我们关于母亲"容纳"和转化孩子焦虑的单向模型。从某种程度上讲，孩子从出生起就能够参与丰富的对话，这种对话立刻成为超出仅仅是分离的主体之间的互动（尽管孩子还不是一个适当意义上的主体；这涉及我们如何构想关系的问题）。就像被母亲容纳一样，孩子也立刻"容纳"了母亲的焦虑，增强了她在身份层面的认同，满足了她最深层的愿望，等等。最终，容纳双方焦虑的是他们共同进行的关系之舞的韵律与和谐（音乐），这被视为社会理解的可能性，这种理解"源自两个相互连接的、具有身体的主体之间的互动和协调的动态过程"（Fuchs and De Jaegher，2009）。因此，持续被创造的"共同空间"在同步（synchronization）的时刻（调谐、一致性，或者正如我的一位患者曾经说的"品质时刻"）与脱离同步（de-synchronization）的时刻之间摇摆，即当个体在"处于相位"与"不处于相位"之间摆动时。在有利的条件下，互动会促进一种更好的关系能力的获得——起初是隐含的，但后来成为外显的。抽象意义也总是处于摇摇欲坠中：当语言能力得到共享时，直接发生；当只有一个参与者具有这种能力时，间接发生。

在我看来，前提是我绝不放弃其中的任何一个，它们互相丰富，从本质上讲，比昂描绘母婴关系的方式（如上所述，比昂更像一个理论家而不是一个"儿科医生"），最终对我们工作的方式产生了更多具体和创新的技术性影响。简而言之，使用温尼科特的理论，你仍然可以在主流中工作，而使用比昂的理论，你必须做出选择。他改变了所有已知的理论场景的坐标，并开创了一种全新的方法。

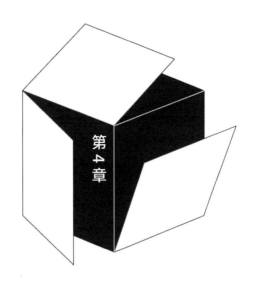

第 4 章

如何治愈

在这一章，我将更详细地讨论分析师在治疗患者时使用的主要工具。工具箱的概念可以告诉我们很多关于分析性场论的内容。比昂为精神分析做出了卓越的贡献，但许多受到他思想启发的作者在很大程度上仍然受到克莱因学派框架的限制。由于我在前几章讨论过的诸多作者及其理论趋势在BFT中的汇聚，我们才得以建立一个真正的工具箱。这里的"工具"指的是那些概念和理论，它们不算太模糊，易于传递给他人，并且能够开辟一种新的工作方式，一种与当代认识论相一致且充满活力的方式。

诠释或对话

关于分析性场域的情绪氛围是否有助于建立联结，即是否促进心灵的成长，理解这一点是至关重要的。根据比昂的说法，这种成长发生在作为心灵粮食的"真实"被产生的时刻，因此，使用一切能够使我们与这种氛围联系起来的工具变得至关重要。只有这样，我们才能尝试判断它是 L（"看涨"）还是 H（"看跌"）。下面我将这项任务描述为凭直觉感受到分析性场域中的"清醒的梦思"，以便成为会谈的 O。

当分析性场域处于退行模式（在 H 中）时，分析师面临的问题是如何将其恢复为进展模式（在 L 中）。在通常情况下，这涉及与患者进行对话，使他们感到被认可。出于培训和练习的目的，我对分析师可以使用的一些方式进行了概括，并采用首字母缩略词"SCREAM"[①] 来表达。

对我而言，这种方法意味着，诠释的时刻首先标志着分析师对在关系的无意识层面所发生事情的接受能力，而关于对话的时刻，我指的是分析师的有意识的干预，以引导分析过程朝着治愈的方向发展。

简而言之，为了达成认可，情绪上的同调（心灵容器的发展）比在理智上达成一致（心灵内容的识别）更为首要或更为重要。

---

① 　SCREAM，这几个缩写合起来形成了一个新的英文词，意为"尖叫"。——译者注

为了尝试猜测出，在既定的时刻，关系或分析性场域的特质是什么，我列出了以下几个主要的工具：梦、遐想、行动遐想、体感遐想、梦的闪现、梦中的转化和幻觉中的转化。

梦

梦一直是通往无意识的非凡之门。讲述一个梦本身就是一种极具意义的表达，表明有愿意参与一种亲密的关系，并参与诠释的游戏。此外，这也表明一种高于充分象征的能力已经存在。

然而，在 BFT 中，分析师倾听患者关于梦境的叙述（或者他自己的梦，即在另一个理论框架内所谓的"反移情的梦"），就好像它是此时此地被梦着的关于分析性场域的梦境，也就是作为分析师和患者所形成的第三心灵在实时梦见关于它自身的共同梦境。

换句话说，分析师并不是以客观化的方式来倾听梦，不把它作为患者在夜间做的梦和通向他心灵的捷径，并且，分析师也不是以一种将夜间或当前的梦作为外在于患者（或有时外在于他自己）的方式来倾听梦。

举一个示意性的例子。患者 A 说他梦见花园里有一只狮子，他跑进房子里躲藏起来。从分析性场域的角度来看，这意味着：我们正在梦见花园里有一只狮子在自由地游荡，而我们已经设法将自己困在房子里；或者，今天我们感觉（或者这感觉起来）好像处于一种害怕被野兽攻击和撕咬的情境中 [①]。显然，第一个可能的假设是，分析性场域的情绪氛围确实充满了迫害（H），而且我们早晚都要做些什么，使其再次变得宜居。

遐想

遐想指的是我们在清醒时做的梦。它时时刻刻都在发生；它就像心灵的呼吸，只是我们通常没有留意到。一旦我们留意到它，我们就会把它当作夜间梦的故事或现实中发生的故事来看待，只是它被虚构了，也就是说，遐想转化成了一个梦。就像夜间梦一样，遐想总是有一种特殊的地位，因为它更直接地让我们触及由阿尔法功能进行的转化工作。它需要在每一个瞬息之间消化贝塔元素，并产生阿尔法元素。随后，这些元素成为由梦和清醒的沉思所构建的一部分。

在技术上如何处理遐想的问题，与如何处理梦或在其他模型中处理反移情的梦的问题之间没有什么不同。因为每个概念

[①]　分析的基本技术一方面是对现实进行去具体化，另一方面是对梦进行具体化。如果我想了解弥漫于分析性场域、患者的内在世界，或者我自己的内在世界的无意识氛围，我必须考虑，如果我真的在花园里遇到了一只狮子，我会有什么感觉。

都代表着概念网络中的一个节点，所以永远没有简单的答案。那么，我们能够说，相比于以"场域使用"来诠释遐想，传统的诠释具有更为可靠的基础吗？我认为不是。它同样有可能被正确使用，也有可能被滥用。

话虽如此，但我要重申的是：基本上，分析师需要像在前面的例子中呈现的与梦工作的方式那样来使用遐想。遐想到底是由患者讲述的（例如，仅仅作为接受了一项"阅读"共同写作的文本的任务），还是出现在她脑海中的，这都不重要。例如，患者可能会突然想起多年前的一则新闻故事，在故事中，一只被关在动物园里的老虎咬死了喂养它的女人，仅仅因为那天她疏忽了，开了笼子的一扇小门。与自由联想不同，遐想就像梦一样呈现，与分析性对话没有可识别的关联；它们是在被动的状态下被接受的，深入探究的话，它们直接通过故事和图像来表达无意识的情绪。

行动遐想和体感遐想

在精神分析中，我们似乎一直要处理两个重大的问题，即两种分裂。在一句重要的引文中，存在心理学创始人路德维希·宾斯万格（Ludwig Binswanger；Spiegelberg，1972）说过，主客体之间的分裂（主要源自笛卡尔）是"心理学的癌症"。另一个分裂是心灵和身体之间的分裂。如果我们仅仅看重身体而忽略了心灵，我们不会走得太远。关键是要以辩证的方式思考它们，而不是以二元的方式。对我们来说显而易见的是，我们沉浸在世界中，并通过我们的身体（感知、情绪、行动）产生意义，同时，正如海德格尔（Heidegger，1987）所写的，"接受 - 感知始终是语言，同时也是言说的文字"。这就是为什么在分析中对身体的位置继续概念化是如此至关重要。

现在让我们来讨论体感遐想，或者向动作绘画致敬（也被称为"姿态抽象"），我给它起名为"行动遐想"。在我看来（并符合我一直主张的观点），含义的符号化过程总的来说不能与语义过程分开。顺便说一句，即使是词语也是有身体的，尤其是诗意的词语。因此，与疑病症患者的担忧和易感性类似，要想产生任何特定的意义，行动遐想必然涉及对非言语沟通的关注。感知、身体姿态，以及长时间的互动序列，例如，使用手机应用程序进行沟通，都可以被解释为场域现象。

行动遐想和体感遐想之间的区别在于，前者主要由行动组成，而后者由各种各样的身体感觉组成。

梦的闪现

我们使用"梦的闪现"一词来指代那些具有强烈感觉成分

的图像，它们突然出现在分析师的心灵中，类似于一个梦，或者由单一的过度充实的图像组成的遐想，有点像弗洛伊德所称的"过于清晰"（überdeutlich）的记忆，他赋予了这种以记忆特殊的意义。在诠释层面，我们对待它们的方式与对待在梦谱系上的任何其他心灵产物的方式没有太大的不同。如果一个刚刚被要求支付更高费用的患者惊呼，《惊魂记》（Psycho）的海报突然出现在他眼前（以一种近乎幻觉般的生动性，连他自己都觉得惊讶），那么我们足以认为，在那一刻，他们二人之间的情感纽带的质量具有非常强烈的迫害性。

梦中的转化

梦中的转化（transformation in dream，TD）是我们能够理解分析性会谈的梦的维度的一个宝贵的工具。这里的核心思想是，在分析中所说的话可以被理解为，它交织着来自清醒的梦思的叙事衍生物。一个简单的技术手段是，在患者说的话（甚至在分析师说的话，因为在这个模型中，两者都是分析性场域中的"位置"）之前加上短语"我梦见……"或"我正在梦见……"，或者更好的说法是"我们正在梦见……"。通过使用这个巧妙的装置——就像在不同的象征世界之间移动的梭子——我们能立即与沟通的无意识层次再联结（re-contact），并恢复眼前的情绪体验的质量。这是一种简单而直观地调整到对话的（如梦幻般）无意识流的方式；另一个可能的类比是，将其比作使铁路轨道切换的设备。患者讲述的现实（通常是二维的），通过这种方式立即重新获得了梦的生动性和充分的维度。

费罗的伟大之处在于，他不仅清晰地阐述了这个概念，而且以一种非常原创的方式，使其与理论保持绝对的逻辑一致性——正是这一点使 BFT 变得真正独特。我们可以有把握地说，在发明 TD 概念之后，并且在精神上而不是文字上对弗洛伊德保持忠诚，BFT 完成了精神分析的范式转变，我们将这一点归功于比昂。

必须记住的是，在我们的工作中，过分强调 TD 是荒谬的——换句话说，不厌其烦地对现实的无意识纹理进行诠释是荒谬的。如果是这样，我们将发现自己会过分倾向于思维的理性和抽象的一端，并过度限制我们的梦幻或想象能力，以及我们对关系的参与。为了避免陷入对 TD 的机械使用，最好的办法是让分析师首先内化它，然后忘记它，再重新发现它，或者更好的方式是，让自己被它重新发现。感到"惊奇"通常是人们的视角发生根本性逆转的迹象。这是非常关键的一点。这两种倾听方式之间的差异与自愿和非自愿记忆之间的差异是相同的。TD 的理想用途与比昂以负能力 / 信仰（negative capability/

faith，NC/F）这一概念的形式建议并规定的被动状态相匹配，即以不带记忆、欲望和理解地倾听，以及在负能力 / 信仰和挑选出的事实（NC/F↔SE）之间进行切换。

在某些情况下，分析师可以打破这个规则，并使用 TD "强迫"梦在会谈中产生。分析师甚至可以在灵感较少的时刻故意使用它来打破枯燥和绝望的重复局面。即使分析师以更积极的方式使用 TD，而不是按照 NC/F 的被动性（毕竟这是一种不同类型的活动），结果也总是呈现为一种迷人的魔法。

角色作为会谈的叙事全息图和情绪功能

将物质现实的具体性转化为梦的一种最简单的方法是，注意在分析性对话中发展出的"角色"和叙事情节。分析师从角色的行为中推断出该角色功能所具有的"恨"（H）或"爱"（L）的特质。每个角色都可以被视为一种场域全息图，也就是说，它是活跃在任何特定时刻的情绪、情感或联结功能。与全息图[①]的情况类似（全息图在两束不同的投射光束的交叉处形成，

---

① 全息图（holograms）是一种记录并再现三维图像的技术。全息图的制作过程涉及将物体置于激光束的交叉点处，然后使用激光束照射物体并记录反射到底片上的光的幅度和相位信息。当观看全息图时，观察者会看到一个仿佛物体真实存在于空间中的图像，可以从不同角度观察。——译者注

然后融合在其中，变得不可再分），在场域全息图中，你很难分辨它属于患者还是分析师。事实上，它属于他们带入生活的场域，他们的亲密、他们的互相参与，以及他们被赋予的"效价"（valence）。

"效价"是比昂用于描述人类性格的术语，即一种以非言语方式沟通并在无意识中相互影响的倾向。这个术语所描述的现象，与促使弗洛伊德谈论从无意识到无意识的沟通现象是一样的，同时也是神经科学家通过强调其生物学基础（如镜像神经元）来解释的现象。

关于"场域 - 角色"概念的模型有路伊吉·皮兰德娄（Luigi Pirandello）的《六个寻找剧作家的角色》（*Six Characters in Search of an Author*）和《今晚即兴演出》（*Tonight We Improvise*）①，以及弗拉基米尔·普罗普（Vladimir Propp）在 1928 年关于童话故事形态学的著名研究，该研究对结构主义产生了深远的影响，其核心观点为，虽然存在着无限数量的角

---

① 《六个寻找剧作家的角色》和《今晚即兴演出》都是意大利剧作家路伊吉·皮兰德娄的剧作。前者是皮兰德娄于 1921 年创作的剧作，故事围绕六个角色，他们闯入一场戏剧排练，寻找一个剧作家来完成他们未被讲述的故事。该剧作探讨了现实、幻象及戏剧本身的性质等主题。后者是皮兰德娄于 1930 年创作的剧作，探讨了演员与他们的角色之间的关系。它呈现了一场戏剧中的戏剧，模糊了虚构与现实之间的界限。这两部剧作都展示了皮兰德娄对戏剧实验的兴趣，以及他对人类身份的复杂性和艺术本质的探索。——译者注

色，但叙事功能的数量是有限的。当然，"角色"不仅可以是人物或动物，还可以是抽象的实体。通常，在某个时刻成为主角的正是次要的角色，或者隐藏角色。这些角色通过对分析性对话形式的感知，或者作为事件发生的结果（尤其是如果被解释为幻觉中的转化）被呈现出来。

幻觉中的转化

幻觉中的转化（transformation in hallucinosis，TH）概念起源于比昂，但直到成为 BFT 的一部分才变成一个适当的技术性工具。简而言之，基于比昂对无意识和梦的两个新的假设，TH 颠覆了对错误、口误和付诸行动等现象的经典诠释。这些现象不再作为揭示患者的（或者可能是分析师的）无意识冲动的秘密（而且常常是"邪恶"）线索。相反，分析师将它们视为共同创造意义的形式。与 TD 不同，只有在分析师意识到"错误"（不论是在一秒后，还是在数月后）并予以纠正时，TH 才得以形成，就像我们从梦中醒来一样。从字面上看，相比于遐想或对梦的叙述过程，TH 更像在清醒状态下做的梦。

因此，"幻觉"这个术语只是从精神病学症状学的特定用法中得来的一个隐喻，用以表达主体陷入一种梦幻般（幻觉）的活动，而实际上主体并没有入睡（在最初的意义上：没有人格的退化；或者说，能够意识到并批判他的错觉）。基本上，TH 只是一种在生理上浸润感知的正常幻觉活动的特例。它的独特之处在于，其强度之大甚至会扭曲现实。然而，我们并不像弗洛伊德对梦的扭曲的想法那样看待这种扭曲。梦的扭曲带有一种"背后"隐藏了什么的含义。相反，我们把 TH 看作一种特殊的情绪紧迫性的表达形式。

在我们更容易受到对无法理解或弄清的事物的焦虑影响的情况下，这些"幻觉"也许会发生。在这种情况下，就好像在对原始感觉进行情绪消化的过程中，投射活动压倒了感知活动，从而使通常被忽视的存在变得可见。只要我们身处于"幻觉"之中，我们对此就束手无策。但如果我们意识到自己是错的，那么幻觉症或明晰的"幻觉"就变成了梦境（梦境不仅意味着沉浸在梦幻中，还意味着醒来）。此时，一种象征形式变得可用，它在各个方面都与夜间梦境等同，我们可以尝试用它与患者重新连接。对失去意义的恐惧——失去在世界中为我们定向的内部客体——被逆转成对意义显现的崇高体验。

TH 是一种从字面上暗含了清醒梦的技术性工具，作为最有能力对无限进行思考的心理能力，它使无意识更努力地运作。因此 TH 具有只有我们在做梦时的梦境才有的栩栩如生的逼真感，而且即便我们醒来后仍然受到这些图像的影响。

因此，我们不再怀疑地看待梦境，也不再将它们的图像视为未被承认的暂时逃避压抑的表征，而是将其视为无意识不断努力进行工作的表达，其目的是对现实进行"诗意的"解释。TH 符合费罗制定的"绯闻"原则，有时先说比先思考可能更有意义，而不是相反。其中的原因很明显：这可以是一种使无意识言说并激活其象征化功能的方式，这主要是通过采用负能力，以及无意识作为人格的精神分析功能的原则来实现的。

那么，TD 和 TH 之间有什么区别？区别在于，与遐想类似，TD 大多是有意识的和故意的。在 TD 中，我"决定"以一种特定的方式倾听。在遐想中，图像穿过我的脑海，但我仍然"知道"我是清醒的，它们只是幻想的图像。而在 TH 中，情况就不同了。正如我们所说，直到我纠正"错误"（一种在口误和巧合的形式中立即发生的"醒悟"，但在许多其他情况下，当它的性质不同时，可能需要更长的时间），否则我对它确信无疑，仿佛我完全沉浸在梦幻图像的幻觉中。如果我没有从梦中醒来，我就不会知道我"做梦"了。只有当我意识到我的"幻觉"时，我才将其变为"幻觉症"。虽然该模式在某种程度上与 TD 或遐想的模式相似，但在意识的程度上存在显著的差异。

对话作为一种认同的途径

关注非言语交流的另一种方式是尽可能努力地使诠释变得自然①或具身化——在理想的情况下，非言语交流始终被理解为联合的梦境。以每个人都能理解的关于具身概念的小例子来说：过去，如果我需要从计算机屏幕上删除一个文档，其他操作系统的计算机会要求我输入一系列指令。而我的苹果电脑允许我简单地将其拖到垃圾箱中即可。显然，第二种方法更为逼真和即时。现今，借助虚拟现实，你不用按下按钮或输入一系列指令，只需要戴上手套并移动双手。这意味着指令越来越带有具身性。因此，逼真性和互动性之间的区别越来越小（Civitarese，2008）。

我的想法是，诠释应该像在分析性环境的虚拟/梦幻现实或空间中"给出指令"一样。它应该是自然的、不饱和的、漫无边际的。我们应该以即兴而活泼的方式参与对话，不打断"电影"（情感）或叙事。逼真性应该始终由诠释引导，而诠释也始终应该在某种程度上是逼真的。诠释可能更为逼真，或者更带有互动性。而不是告诉患者："你告诉我的与你认为的完

---

① 米切尔·威尔逊（Mitchell Wilson，2020）提醒我们，雅各布·阿洛（Jacob Arlow）曾说过，分析师与患者交谈的方式应该与他和出租车司机交谈的方式相同。

全不同。"

对我来说，分析更像一场对话，而不仅仅是给予诠释。无论患者使用什么样的叙事形式（梦境、记忆、幻想、感知），分析的目标始终是收集线索，以直观地了解相互认可的过程是如何展开的。在这里，"诠释"指的是你实际对患者说的话，但也指的是分析师在分析性对话中如何倾听无意识。这两个时刻是相关的，但前者（诠释作为倾听）是隐含的（implicit，Ii），而后者（诠释作为一种向患者提供的理解类型）是明确的（explicit，Ie）。关键点在于，我们应该清楚地知道，两者在某种程度上都对分析性场域产生了强大的影响。在某种程度上，两者都是"诠释"。一个无声的诠释可能比口头的诠释对分析性场域的影响更大。原因在于它改变了场域的情绪氛围。

因此，（无意识的）诠释和认可成为我们工作的两个关键词——临床实践的阿尔法和欧米茄（Omega，Ω）。我们追求的是认可。相互认可不仅仅是有意识的认可。将其仅仅视为意识是一个常见的错误。认可是一个标签，用于心智诞生和成长的过程。为什么我们要诠释无意识？因为我们试图了解这个过程是如何进行的，它是朝着正确的方向还是朝着错误的方向发展，它是前进的还是退行的。所有精神分析都可以用下面这两个词来概况：诠释和认可。一种沉浸式的诠释是一种不再附带"诠释"标签的诠释。诠释主要是一种倾听（Ii）无意识言说的方式。

不饱和的诠释与缩略词 SCREAM

无论分析师提供什么样的干预（Ie），重要的是它要源自 Ii，或者源自他对无意识言说的接纳。人们总是问我会对患者说什么。最终，我决定发明一个缩略词来总结我可能会说的范围：SCREAM——（很少且谨慎地）提供自我表露（Self-disclosure，S），扮演希腊合唱团（Chorus，C），关注遐想（Reveries，R），测绘情绪（Emotion，E），确保不错过在幻觉中的转化（hAllucinosis，在意大利语中是"Allucinosi"，A），用隐喻（Metaphor，M）或类比重述患者刚刚说的话，等等。

当然，分析师还可以提供"深入"的诠释，如果这是一种可以与患者分享且仍然使用"成就之语"的语言，正如比昂所命名的。然而，治疗的关键因素是分析师对无意识言说的接纳。这关乎分析师倾听的质量，以及分析师如何倾听，从而进入患者的情绪波长。

如果在倾听时，我保持"你和我"的割裂，那么一切都关乎"你对我做了这个""我对你做了这个""你在无意识地攻击、引诱、操纵、阻抗……"，或者我在做同样的事情。相反，如果我从一个场域的角度来倾听，我会将所说的一切看作我们一起做梦的反映。这是一个"突变"（catastrophic change）[1]：正如我先前所说的，在埃德加·鲁宾著名的两歧图或双稳态图中，我从看到轮廓，转而看到了花瓶。同样，如果我们关注分析组合在当下的无意识功能，这并不意味着个体的历史和实际创伤会消失。如果我将注意力集中在花瓶上并持续一段时间，轮廓仍然存在。但如果我从这个角度倾听，我对患者说的任何话听起来都会有所不同。这也是一种诠释，大多数时候它都保持在患者提出的叙述体裁之内。换句话说，我们的首要目标是发展思维工具。找到有意义的内容是有用的，但主要还是尊重患者对我们告诉他们的内容的承受能力。超出容器承受能力的内容可能会有医源性风险。内容和容器都很重要，但在层级结构上，容器在先。

如果我们正在看一部令人着迷的电影［例如，《最后的莫希干人》（*The Last of the Mohicans*）[2]，一部我非常喜欢并看过

---

[1]　"突变"一词的法文原意是"灾变"，是强调变化过程的间断或突然转换的意思。——校者注

[2]　《最后的莫希干人》是一部于1992年上映的美国历史战争电影，改编自詹姆斯·费尼莫尔·库珀（James Fenimore Cooper）的同名小说，故事发生在1757年的法印战争期间，描绘了一位英国殖民者和他的莫希干印第安导师之间的冒险与爱情。电影以战争和动作为主线，背景设置在北美殖民地时期，讲述了主人公霍克父女在法印战争中的生存斗争。影片以其精湛的摄影、激烈的战斗场面和浪漫的爱情故事而著称，被认为是经典的历史冒险电影之一。——译者注

多次的电影]，然后在某个时刻，有人暂停了电影并请评论家来解读电影，我们会感到非常恼火。然而，在费里尼（Fellini）的《八部半》（8½）[1]（在我看来这是他最美丽的电影之一）中的评论家角色，或者莱文森（Levenson）的《马尔科姆与玛丽》（*Malcom & Marie*）[2]中的主人公这两个例子中，情况就不同了。费里尼和莱文森是梦的大师；他们不会破坏故事。

再举一个例子：葆拉告诉分析师，她的母亲曾经仅用一个眼神就能冻结她的动作。母亲训练她对最轻微的点头做出即时反应。分析师可能会说，患者或其母亲中有一人似乎要求绝对的控制，而且其中一方几乎不给予另一方按照自己的意愿行动的自由。读者可以在字里行间感受到的信息是："这就好像你

---

[1]　费里尼的《八部半》于 1963 年上映。这部电影被认为是意大利新现实主义电影的一部代表作品，同时也是一部探讨导演创作困境和自我探求的经典之作。影片主要围绕一位名叫圭多·安塞尔米的导演［由马塞洛·马斯楚安尼（Marcello Mastroianni）饰演］展开，他正试图在创作一部电影时应对各种压力和困扰。影片融合了现实、回忆和梦境，呈现了一个复杂而富有想象力的叙事结构。《八部半》以其前卫的导演手法、深刻的主题和对电影制作的自我反思而受到赞誉。这部电影被认为是一部兼具艺术性和象征性的作品，对电影史产生了深远的影响。——译者注

[2]　《马尔科姆和玛丽》是一部于 2021 年上映的美国黑白剧情片，影片讲述了一个电影人和他的女友参加完电影首映庆功会之后的故事。——译者注

把我看作一位'美杜莎（Medusa）般①的分析师'，眼神一瞥就把你变成石头。但这是你的误解，在你过去的经历中呈现的解释是——这就是你。"通过这种方式，分析师将场景从患者关于过去的故事中转移出去。

这就是为什么我在其他地方（Civitarese，2008）将移情性诠释作为"跳层插叙"（metalepsis）②的修辞手法，或者说是对故事时间框架的突破。例如，在科塔萨尔（Cortázar）的一部短篇小说的结尾，主人公刺中了读者。伍迪·艾伦（Woody Allen）的电影中也有其他类似的例子。一种沉浸式评论旨在尊重患者计划提出的叙事，并且旨在突出互动性（换句话说，试图产生积极的"氛围"变化），这源自对分析师的无意识之外正在进行的部分的一种诠释。这样的诠释也许是简单明了的："她（母亲）用一瞥便击中了你。"（在意大利语中，"击中"是

---

① 美杜莎是希腊神话中的一个怪物，她是三位蛇发女妖之一。根据传说，美杜莎原本是一位美丽的女子，但由于与海神波塞冬（Poseidon）发生关系，被女神雅典娜惩罚并变成了蛇发女妖。美杜莎的头发会变成蛇，她的目光会将任何看着她的人石化。美杜莎的形象经常出现在艺术、文学和文化作品中，代表着怪物、诱惑和危险。——译者注

② "跳层插叙"是修辞学和文学理论中的术语，指的是在叙事中跨越层次的修辞或修辞手法。具体来说，跳层插叙发生在一个层次的叙事中，其中一个元素跳出它所属的层次，进入更高或更低的叙事层次。这可能导致虚构和现实之间的混淆，以及叙事结构被打破。其目的是通过打破故事的层次结构，创造一种引人注目、有趣或令人惊讶的效果。——译者注

"fulminava"，而"fulmine"是闪电，所以我也使用了一种隐喻。）另一种诠释可能是，"这就像住在兵营里"或"在这种情况下，你害怕犯错"。

所以，重要的是如何倾听。大多数时候，分析师最好尊重患者的叙事框架，只对他正在讲述的故事进行诠释，并在当下以"我们"（We-ness）的方式进行倾听。在上面提到的案例中，空气中似乎有一种特定的"抑制"，这种害怕（你的害怕／我的害怕）就好像一旦有人说了什么，美杜莎般的凝视就会出现。例如，如果我只是对过去发生的事情做一些泛泛的评论，并且从理论的角度倾听，就好像任何以无意识的方式被说或被感觉到的事情都是关于正在发生的事情一样，那么这可能是一种对正在真实发生的事情负责任的方式。

分析师把过去放在一边，以便专注于分析性对话，无论对话在表面上是关于什么的，实际上都反映了活跃在当下的情绪联结或功能。在这种情况下，空气中弥漫着一种被寒冷的、羞辱的目光伤害的恐惧。这种感觉来自两个心智共享的无意识水平，这两个心智相互交流并形成一个场域系统。这就是为什么我们提到"场域"——"场域"只是一个隐喻，指的是这样一个层次，我们将其概念化为一个共享的模糊的层次。我们不可避免地使用了空间的隐喻，但最好的方式是把它作为"过程"来谈论，在"过程"中，我们无法说"这是你的，这是我的"。

作为一个独立的主体，分析师负责促进积极的转变。这就是他所做的。就像理发师给顾客理发一样，分析师的目标是与他的患者建立联系。然而，他知道，不可避免地，他永远无法完全掌控自己会决定做什么。同样，这意味着我们应该始终倾听来自主体间第三方或来自分析性场域的信号。我们需要（以无意识的方式共同）倾听我们如何努力转化不断冲击场域的新的贝塔信号。这个过程永远不会停止。

经典精神分析中最接近这一观点的概念是移情中的诠释，而不是关于移情的诠释。两者的区别是显而易见的，如果我们谈论移情中的诠释，那么框架仍然是扭曲或歪曲分析师的患者的框架。因此，认为不饱和的诠释与移情中的诠释是相同的，这样的观点是错误的。两者的概念和理论框架完全不同。我们可以看到两个主体要么是互动的，要么形成一个第三心智（场域或系统），这比互动要丰富得多。出于这些原因，没有外部标准能够帮助我们找到沉浸和诠释之间的完美平衡。在我看来，这一平衡是通过培养个体在会谈中对激进的"梦思"视角和无意识对话的敏感性找到的。显然，通过这种方式，分析师可以检测场域中的氛围变化，并接收有关他自己的有意识动作的报告。

我不得不说，我之所以使用"沉浸"而不是"互动"的概念，也是为了澄清另一点。有时（事实上是很多次），我们好像在日常生活的天真现实主义中"迷失"了。这一点本来不是我们需要过多烦恼的；重要的是要理解会谈中共享梦的概念。迟早，带着对这种方法的惊讶和感激，这一原则会回到我们身边。正如格罗特斯坦（Grotstein，2007）曾经说过的，你不必担心在不带记忆和欲望的情况下倾听。记忆、欲望和理解将在合适的时候回到你身边。它们将唤醒你，使你不再被困在现实或具体性中，并将你带回我们的相互作用或沉浸式互动的概念（这与简单的沉浸不同）——这是我们"进行诠释"的时刻。

遗憾的是，似乎费罗和我及其他类似的作者无法传达这样一个观点，即在我们的理解中，分析并不发生在一个模糊、梦幻或虚幻的氛围中。有时，我们会给人这种印象，因为我们过分强调了在会谈中做梦的概念。但这个概念只是提醒我们，在某种程度上，我们总是需要被唤醒，或者至少要倾听患者正在说的事情中共享的无意识含义。仅此而已。

例如，如果患者提出的叙事框架是关于历史或当前现实的创伤，我们显然会尊重这个话语主题。举个平常的例子，如果一个患者说"昨天猫从家里跑出去了"，我可能只会问："为什么会这样？"患者说："因为有人愚蠢地把门打开了。"我可能会说："有时，我们认为可以相信家里的某个人，但后来我们意识到最好不要相信。"所以，你看，这很开放。但在我心里，我对此负有责任——是我们让"门"开着，让"猫"跑了出

去。患者可能会说："是的，但通常他们都很小心。"这可能是
患者觉得我的评论给予了一定的安慰的迹象。我可能会说"是
这样的"，然后我们会立即进入一个具有较少迫害性的氛围：
"如果我们不能相信家里的任何人，我们会怎么做？"患者可
能会说："但是现在，我不知道猫在哪里，我很担心。"我可能
会回答："是的，因为你会想象它可能会陷入某种麻烦。"患者
会说："是的，但人们说猫有九条命。"……

　　在上面的例子中，我不会说出以下类似的回应："你告诉
我的是，我们正在做一个梦，梦中有只猫因为有人把门打开而
跑了出去；这个梦是一种遐想，它告诉我们，当我们沉浸在担
忧、焦虑和相互不信任的氛围中时会发生什么；的确，我们似
乎认为我们有足够的资源来解决它。"我绝不会这样和患者说
话。我会仍然停留在患者的话语水平，不过我在倾听。重要的
是，如果我以一种特定的方式倾听，那么我会信任我的无意识
和患者的无意识，并停止怀疑或道德说教。实际上，无论我以
何种方式倾听，我都会了解患者生活中的一切，包括患者的过
去、他所经历的创伤——这些在我看来都不成问题。我认为保
持这种双目视野没有任何困难，就像视觉一样，它赋予了深度
和视角。这种在意图的不同层面进行功能性的隔离或创造性的
分离，在日常生活中经常被使用，例如，当我们谈论典故、使
用讽刺、阅读童话时。然而，我不得不承认，通过我们描述的

临床案例，我们似乎无法有效地向同道们澄清这个问题。

从"我 / 你"转向"我们"与精神分析的伦理学

患者 A 回忆起他曾尝试过接受心理治疗，但很快就停止了，因为他感到治疗师不断地让他感到羞愧和被评判。他说，那是一种无法忍受的压力。对于患者所说的这一点，分析师可以通过多种模式来倾听。

第一种模式

在第一种模式中，分析师与 A 讨论他所谈的内容，对其中涉及的情绪和反应做出聪明的观察。分析师建立因果关系，但始终保持在具体的或现实的水平上。如果稍微简化一下，我们可以将这种工作方式看作"仅仅"在进行心理治疗。

第二种模式

在第二种模式中，分析师假设，A 感到羞愧和被评判是因为他将严厉父母的无意识形象（意象）投射到分析师身上，换句话说，他产生了一种移情。然而，分析师也可能认为自己确实在无意识中对 A 施加了过多的压力。分析师会考虑到自己对他的移情，或者对他移情的反应，即反移情效应。在这种工作方式中，我们可以识别出经典的弗洛伊德模型的基石。

第三种模式

在第三种模式中，分析师可能会认为，A 正在对他施加压力，并在某种程度上使他以某种方式行动。A 正是那个给治疗师施加压力的人。A 试图摆脱某种无法忍受的心理内容，并将其投射到分析师的身上。这看起来就像一种不是基于婴儿神经症，而是基于当下激活的无意识原始幻想的移情 +++。这将我们置身于克莱因模型。

第四种模式

第四种模式可以从关系或人际模型中汲取灵感：分析师意识到，在过去的两个月里（或者任何一段时间内），他实际上一直在给 A 施加很大的压力。分析师将这一事实诠释为童年场景的部分演绎（在这一场景中，A 曾被母亲以这种方式对待），并认为自己被 A 引诱进一种活现中，即扮演了母亲的角色。

第五种模式

从 BFT 的角度来看，分析师会认为，在为他与 A 共同编写的故事（或者他们一起做的梦、他们正在玩的游戏）选择了"患者"和"心理治疗师"这两个角色之后，当下他们正在尝试对分析性场域中产生的原型知觉进行理解并赋予其意义。这个关于中断治疗的特定叙事是他们共同无意识工作的产物。分析师把这一活动看作他们在特定会谈中能够实现的最佳效果。在他们以无意识和意识的方式共同创造的故事（梦或游戏）中反映的情感，便是会谈的 O，即他们形成的二人小组的基本假设。然后分析师会问自己：这是 H（恨）还是 L（爱）？它是促进了成长，还是破坏了联系？由于这个案例中涉及的是对被评判的羞愧和恐惧，患者的叙事似乎表明残酷的批判意识（超我）的增加，这给他们二人都造成了痛苦。这里始终存在着基本的相互关系：他们都无意识地感受到被评判的压力，都因未能达到彼此的期望而感到羞愧。当然，关于这里的"叙事"，我们指的不仅仅是文字，正如先前解释的那样，还包括情感、情绪、感觉、遐想、行动等。

与其他模型相比，对无意识言说的接纳会产生两个非常重要的结果。

- 我相信患者和我自己：我停止带有怀疑的倾听，不再遵从将无意识视为地狱（阻抗、操控、诱惑等）的概念。

- 故事是关于我们（你和我）的，而不仅仅是关于你或我的。我不可避免地感到更加投入、更有活力、更有责任感。离我们更近的事物最重要。

- 我更近地接触自己的羞耻感，并能在一个更好的位置处理它；换句话说，我看到了在任何领域的情感／效应中隐含的不可避免的可逆性。这就是为什么，即使患者或分析师意识到了一种情绪，它仍然是无意识的，直到它被定位在场域中，并被归因于两位行动者。把患者和分析师看作场域中的"位置"是不够的，因为场域的隐喻恰好是为了建立一个视角，从这个视角来看，在无意识的层面，没有一个"位置"与另一个是不同的。

在更一般的层面，我认为这种倾听使我们有机会尽可能地让精神分析摆脱意识形态及容易渗入其中的"傲慢"，从而有机会实现对精神分析伦理的重建。

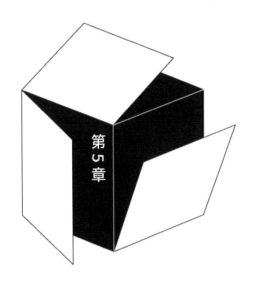

第 5 章

临床案例

BFT 在根本上接纳了比昂的基本原则，同时通过各种原创概念对其进行了补充。最重要的是，它增加了一种在临床应用中灵活多变且易于传授的技术理论。在我看来，这正是使比昂的思想在当今变得真正实用的原因，并且如费罗所写的那样，保护我们免受一些人对比昂的关键假设进行不严谨的使用的影响，例如，以一种"比昂的菜单选择"的方式。特别是，我会强调将整个会谈纳入考虑，以及在督导会谈中将病史描述视为一个梦——根据梅尔策（Meltzer，1984）的说法，这是意义生成的地方；更准确地说，要注意有关梦的谱系的所有表现；还有让自己能够被角色的互动引导。以下案例中有关理论技术手段的说明不能在比昂的著作中找到，但应被视为对比昂理论的创造性发展。不过，负能力/信仰的概念非常宝贵，应该被牢记在心。

出于保密的原因，在下面列举的不同案例中，我将使用一些分析或督导的片段。与分析一样，我对督导的理解和实践不仅涉及在理论和技术层面提供建议，还涉及在共享的无意识工作中与被督导者互动，为督导会谈本身的展开赋予情绪和体验上的意义，并通过反思为患者与分析师之间的原始会谈赋予意义。督导的目标是，理解能否"做梦"是分析师和患者正在经历的"噩梦"的核心问题。在分析性会谈中，分析组合的无意识情绪体验是通过会谈中的分析性对话推断出来的；在督导中，要考虑的叙事文本已经被写好，不过，在新的背景中一起阅读也意味着对其进行重写。在这两种情况下，目标都涉及激活一种既有逻辑又有情感的"综合"倾听模式；可以说，它涉及让患者和分析师角色（或场域）的主体间（共享的）无意识功能发挥作用。我希望这些案例可以粗略地展示 BFT 所提供的新的诠释的可能性，这依赖于转化的概念而不是扭曲的概念。

正如我们所知，我们可以在两行文字上轻松花上数小时的时间，这就是精神分析和诠释游戏具有如此魅力的原因之一。因此，在这里，我将仅仅提供那些涉及分析师如何使用场域框架倾听会话或督导文本的简短案例。在所有这些案例中，我们要体现的是如何从基于扭曲概念的工作过渡到基于转化概念的工作。前者侧重于对过去的重建，并将创伤与移情联系起来，从而强调患者的误解。后者虽然在某种程度上也会不可避免地探讨患者的过去和现在，但将主要关注点放在当下构建思考工具的量子水平上。

　　我们在所有这些案例中看到的是，我们如何通过对发生在无意识层面的不同心智之间交流的含义有一个连贯而严格的概念来进行工作。我们可以有把握地说，它既反映了最极端的方式，也代表了个体之间的开放性或相互影响的状态。弗洛伊德（Freud，1921）谈到了"传染"①（contagion，德文为 infektion），比昂（Bion，1961）谈到了"效价"②，就像化学中的效价一样；具有悖论性的是，黑格尔（Hegel，1807）也谈到了"感染"③（infection，德文为 ansteckung），暗示了产生自我意识的过程。

---

① 弗洛伊德使用"传染"一词可能是为了比喻心理过程中存在某种彼此影响的情况。——译者注

② 比昂提出的"效价"类似于其在化学中的用法，指的是一个元素的结合能力。在比昂精神分析中，"效价"指的是附加在不同心理元素上的情感电荷或情感重要性。这些效价可以影响思想在心灵中的处理方式。理解比昂关于效价的概念涉及考虑情感和情感体验与思维过程如何交织在一起。在比昂看来，思想并非中立的，而是带有情感的，这种情感电荷可以影响思想在心灵中的处理、转化和体验的方式。

③ 黑格尔在《精神现象学》（*Phänomenologie des Geistes*）中谈到"感染"一词，指的是一种精神层面的相互影响和传递，即一个人的思想或情感对另一个人产生影响，并在他们之间传播。黑格尔的哲学关注主体性与客体性之间的互动，而"感染"的概念突显了这种相互作用的动态性。——译者注

幻觉中的转化与隐藏角色

具体性

我的一位同事为一次督导准备了一份书面材料。她要求我跳过患者生活故事的第一页，直接从第二页开始。在她汇报的咨询中，她几乎只是间接陈述了患者在谈论什么：一长串的丧亲之痛和创伤。从场域的角度来看，这不仅涉及咨询会谈本身，而且扩展到督导会谈。我立刻想到会谈中最重要的"角色"可能是什么或可能是谁，即它的具体性，因此也是分析师倾听的具体性。被大声朗读的会谈内容篡夺了通常保留给病史的位置，而病史并没有被阅读。通过这种方式，它具有与历史和物质现实相同的实际特征。这次交流暗示了对此时此地的分析性场域中正在发生的事情的一种（暂时的？）失聪。

我在这里想要暗示的是，这种行动遐想已经预示了分析师倾向于阅读分析性对话而没有将其转化为梦；也就是说，分析师没有问自己，这些分析性对话的无意识含义可能是什么。相反，他将其作为纯粹的事实来阅读，就像通常对待病史部分一样。当文本在会谈中被阅读时，这一点得到了确认。如果是这样，那么在这一点上，将阻碍整个咨询的哀悼氛围——由几个创伤性记忆引起的——视为分析师和患者之间失去联结的隐喻/梦，并不是荒谬的。

这个案例展示了，一个完全边缘的事件如何成为重要的事件，作为一种恢复足够的情感调谐水平的方式。潜在的理论假设是，将其视为由场域的阿尔法功能梦见的部分，该功能在与患者的会谈及督导中均发挥作用。然后，我注意到，同事建议我跳过文本的第一页这个行为所具有的悖论性质。它既表达了一种放下历史和具体性的建议——比昂会谈到不试图记住任何事情的倾听——同时又做出了极其精准的诊断，即当我们通常找到病史的地方被分析性对话的文本替代时，这正是在那一刻未发生的事情。一种割裂似乎已经在理论和实践之间发生了，这种割裂是场域在无意识中试图通过一种行动遐想来修复的。

劳拉还是马里奥

劳拉告诉分析师，她因为马里奥没有邀请她参加他的派对而感到难过。分析师推测，马里奥之所以没有邀请她，可能是因为她总是倾向于拒绝这样的邀请。通过这种方式，分析师为马里奥辩护。我的假设是，劳拉可能感到自己像被映照在一面镜子中，镜子反射出她的裙子上有污点，她不配被邀请，或者她有什么问题。然而，在某个时刻，我错误地将劳拉说成了马里奥。然后，令我惊讶的是，我想这就好像我（或者更确切地说，是通过患者甚至我自己说话的"我们"）在无意识中认识到，在总体上，分析师真的成功地从劳拉的角度看待了问题；也就是说，分析师不是为马里奥辩护，而是为作为马里奥的劳拉辩护，并分享了她害怕别人会嘲笑她的担忧。我的（我们的）无意识阅读在某种程度上纠正了我的（我们的）有意识阅读。

娜奥米·坎贝尔 [①]

患者：我正在学着原谅。我最好的朋友贾达，和我的男朋友睡了。现在我对此嗤之以鼻。在这种情况下，背叛是双重的。我想面对她，而不是保持沉默。我坦白了我的不安。也许他乐意和我在一起。我不是娜奥米·坎贝尔，也许他想要像她这样的女人？她有漂亮的长腿和一个漂亮的……

分析师：当然，知道你就是娜奥米·坎贝尔可能是痛

[①]　娜奥米·坎贝尔（Naomi Campbell）是一位英国的超级名模，被认为是时尚界的偶像之一。她以高挑的身材、深邃的目光和独特的时尚风格而闻名。——译者注

苦的，你一定还有其他内在的品质。

实际上，分析师原先的意思是，知道她不是娜奥米·坎贝尔可能是痛苦的。正如常常发生的那样，口误揭示了另一个可能的真相：成为像这位著名模特一样的人也是痛苦的，难道这不可能吗？也许她只是（或主要是）因为她的美貌而受人钦佩？或者只是因为她是一个黑人，是在许多方面被边缘化的少数群体的一部分？

这是使用幻觉中的转化（TH）可以打开意义的新视角的例子。当然，从场域的角度来看，这里也存在患者和分析师之间纽带的本真性的丧失及相关的"背叛"的风险。

间距

这份用于督导的特殊文本的特点在于，它对省略号的用法非常特殊。有时只是传统的六个点，但在其他地方会添加更多。在大多数情况下，这些省略号连接文本中的两个词（"感到……………………我好像"），而这两个词之间并没有停顿。

在删除所有文字后，这是我在文本的最后一页找到的一个列表，其中列出了省略号出现的所有情况。

·············

·················

······

·············

··············

············

······）···········

···········

··················

以下是将相同页面的文字变成灰色，但保留省略号的黑色及在页面上的位置所呈现的效果。

给她点空间……

E：嗯，我，我们说我总是在同一个点上……假期过得很平静……你知道，我和我的丈夫不是那种吵架、大闹的人…………这是一种文明的共同生活…………奇迹般地，最近一个月他似乎成了另一个孩子，不再发脾气了，实际上我还有点担心他随时可能爆发，事实上我经常和他谈及，邀请他告诉我他的感受，是否有什么不对劲，但他告诉我他不想再表现得不好了………………也许真的在内心里消化了什么…………总之，周一他要见 S（他的治疗

师），我们看看………………反过来现在是中间的那个让
事情变得混乱…………

无论如何，我必须承认我的丈夫确实很努力，
………………他更多地支持我照顾孩子，我经常告诉他在
我抱怨时听我的话，他们装作什么事都没发生，我告诉他
们这样做是对我的不尊重…………在这方面，他遵循了 S
所说的………………………然后其他方面仍然
是一样的…………他被 R 愚弄了一周，R 告诉他午饭后
做作业，然后晚上告诉他晚饭后做作业……我让他自己
做……我已经决定让他负责这件事………………但最
后我不得不介入，不能让他这样被愚弄…………我让 R 在
午饭后和 D 一起做作业……可能是巧合………………

嗯………………………………………

…………然后……对于另一个…………他在八月
份生气地离开，因为我的陪伴太少，总是有孩子在身
边………………我们保持联系，总是保持联系……一天他
告诉我他不配得到我，我们应该分开，因为我在这里过
得更好，他无法给我什么…………然后即使我不去找他，
他也会找我，告诉我他爱我…………我们周二见了半小
时，告别…………（她在谈到他时语言很简洁，不深入细
节……）…………当然，我对他的感觉不同于我对我丈夫

的感觉…………

…………………如果说我有一件在今年夏天明白的事
情，那就是尽管我可能对孩子也付出了很多，但我对他的
感情……

这里的重点是，强调标点符号在增强文本的强烈视觉冲
击中所起的惊人作用。由省略号组成的线条似乎暗示了在会
谈（"物"或对象存在）和分离（"物"或对象不存在，或者
仅在象征上存在）的节奏中反映出来的关系的规律性呼吸。
一些由点组成的线是可以容忍的，并引发思考（非物，即
代表物的符号）；另一些则不可容忍，并破坏思考（无物），
就像在某些情况下，它们差不多仿佛掉入了真空，如下例
所示。

"说…………………"

简而言之，在这里引人注目的是，对关系的情感度量以这
种令人惊讶的表征呈现。空格成为故事中的一个重要角色。我
想在这里强调的是，将构建文本的修辞手法作为会谈中一种做
梦的方式，可能是有益的。

艾伦·图灵 ①

在另一篇为小组督导提供的文本中，分析师使用以下编号和页面上的对齐号来标注不同的部分。

0000000000

1111111111111111111

2222222222222222222222

33333333333333333

4444444444444444444444444

这个细节不会就这样被忽视。患者 L 似乎在嫉妒地保守着一个秘密；或者更确切地说，在文本 / 分析 / 场域中似乎包含着一个秘密。小组成员将数字串解释为一个可能解锁秘密关键的代码，就像艾伦·图灵在第二次世界大战中对"恩尼格玛"进行了卓越的解密一样；这种联想已经指向了某种存在但尚未知晓的迫害感。一连串的零似乎在暗示比昂的 O（无意识共享

---

① 艾伦·图灵（Alan Turing，1912—1954）是 20 世纪英国的数学家、逻辑学家、计算机科学家，他在数学、计算机科学和理论生物学领域的贡献对现代科学和技术产生了深远的影响。他的主要成就之一是他在计算理论领域提出的图灵机概念。这一概念被认为是计算机科学的基石，为计算机的发展提供了理论基础。他还对密码学做出了杰出贡献，领导了破解纳粹德国恩尼格玛（Enigma）密码机的团队，为第二次世界大战中的盟军提供了关键情报。——译者注

的情绪体验），以及他在《转化》一书中以《爱丽丝梦游仙境》（*Alice in Wonderland*）的作者命名的"道奇森式"数学。

不用说，粗体的一连串 3（3s）让人想起了俄狄浦斯三角的核心地位。简而言之，这些数字被看作分析性场域中的"角色"和主体化路径的表征：新生儿遇到了由母亲提供的母性功能或符号性的空间；然后，在他的内部，有了父性 / 分离功能（反映法律的功能）或所谓的第三方。显然，分析性场域中的迫害可能与分析师在会谈中有意识地处理情感距离的"俄狄浦斯"问题有关。

在患者 L 的案例中，她最近被诊断为乳腺癌，这个诊断可以被解读为一种关于场域的寓言。"乳腺癌"或以"乳房"为代表的客体 / 分析师的癌症可能说明了"神圣谈话"的部分失败，而这基本上一直是分析性对话所代表的东西。

表情符号

一篇关于咨询对话的文本中描述了患者是如何在分析开始后与一名已婚女性开始一段关系的，而在这一点上，可能在指称所谓的横向移情[①]时，作者添加了如下标点符号。

[①] 横向移情是一种以症状的方式表达婴儿化的无意识欲望的现象，这些无意识欲望不是指向分析师而是指向其他人或活动的。总的来说，这种现象具有阻抗的意义。

(;;;)

她的意图显然是以一种略带自鸣得意和知情的方式向她的同事们眨眼，好像在说："但是我们知道这是关于什么的！"然而，由于对这个符号的过度重复使用，人们不禁把它们看作夸张之词，或者是对应于表示眨眼的表情符号";-)"。

当发生这样的情况时，重要的是要避免立即认为这些符号充斥着各种含义。合理的提问是："分析师和患者是否对彼此眨眼了？他们是否体验了相互理解的愉快感觉，还是更像在串通？"但比回答这些问题更重要的是，从那一刻起，分析师具有了一个可能最终会"实现"（作为事实）并成为一种思想的预设。现在她有了一个小容器，这个容器会有意识和无意识地影响她的视野，以及她对于把什么放入其中的选择。

一旦被放入这个容器里，所谓的分析性"事实"将获得一定的同步性、非因果关系的有序性，这意味着它不能基于严格的因果关系逻辑，这实际上正是我们经常使用的许多物质和非物质容器所做的。

硫胺素

患者 S 梦见她坐在我的候诊室里，询问另一位患者她应该吃什么来阻止脱发。显而易见的答案是："唯一的办法就是硫胺素！"

这就好像在说，如果你想治愈两次咨询之间分离的悲伤，你不一定需要如疾风骤雨般的激情，你只需要一些爱（L），或者一点点的"我爱你"（ti-am-ino，在意大利语中，"ti amo"意为"我爱你"，而后缀"-ino/a"具有缩小的功能，通常还表示亲密、温暖和深情）。

霸凌

一位名为 R 的患者说："自 2008 年离婚后，我一直感到内疚，因为我不想和我的丈夫在一起。这种内疚一直存在。然后我问了个问题……在我幼年时，我的母亲是如何与我互动的？如果她把我当作理想化的女儿，那么每次我未能反映出她想要的，她都会感到失望并表现出挫败。我想到 20 世纪 70 年代初我在米兰学校度过的霸凌时期。我对当时的印象是我从不反击。"

在督导前阅读这个文本时，分析师意识到她在写作时犯了一个错误，因为她没有在"with"和"in"之间插入"me"。她补充道，在咨询剩余的时间里，患者继续认同她（"想要成为我"）！

这一文本片段作为变幻的组合，适合使用精神分析理论按照以下事件链条进行分解和重构：缺少"我"（在这次会谈中，分析师好像不存在，患者感觉没有被看见；更严格地说，从一个场域的角度来看，他们中的每一方都感觉到没有被对方认可）→我没有镜映［R（他们中的每一方）感觉自己在某种程度上被迫满足了分析师（对方的）的期望］→分析师会感到失望并显得很挫败（对他们两个人来说，空气中弥漫着一种迫害的氛围）→我被霸凌的时期（这段关系充满了某种暴力）在11 世纪 70 年代初（再一次出现失误或幻觉中的转化：日期指向中世纪早期，这在隐喻上是非常古老或非常具有原始功能的时期）。

解开纠结

> C：我的希望正在消失……这是一个无法解开的结，也许我们应该用剑割断它。

但我读到的是"并非无法解开"。因此，我正要说"希望还存在"，因为 C 说这个结"并非无法解开"。这似乎源自我的梦，在我"清醒"之前，我意识到了我的错误。即使我刚刚想到的和后来实际说的内容在表面上是相同的，即"希望还存在"，但在那一刻，仅在我的心中说出的那句话几乎只是一种肤浅的、试探性的或一厢情愿的评论。只有当我几乎瞬间且令我意外地从幻觉中醒来，我才感到这句话是真切的。事实上，这确实是他们在无意识中告诉自己的。但为了让它可见，督导中需要一种场域（和第三心智）的扩展。

美好结局

"是的，真的是一部很好的电影，"L 评论道，并补充说，"有一个快乐的结局（anding）。"这里引起我注意的细节是拼写错误。然而，无意识永远不会错。在那一刻，电影的结束可以被看作一个不要结束它的请求，或是一个幸福的告别。单词"end"已经变成了一个动词的动名词，该动词源自一个具有连接（"and"）的基本功能的粒子，一个不是为了分离而是为了连接的粒子。就像儿童听童话时一直问"然后呢？然后呢……"

行动遐想

被魔法附身的城堡

在几次分析中，我们经历了类似于《被魔法附身的城堡》

（*The Enchanted Castle*）中的情境。除了非常悲惨的事件的图像和故事开始涌现之外，一切看起来都温暖、亲密、流畅。然而，它们并没有被倾听（用无意识的概念作为工具）。或者，即便被倾听了，它们也被视为由移情引起的"病人扭曲"。

在一次 Zoom 会谈中，治疗师在画面之外把脚搁在凳子上，以获得更舒适、更自然的姿势。这个动作可以被看作一种行动遐想或身体遐想，或者一种行动中的转化——作为他们如何能在死板的角色中更加自由、不受拘束的梦。

他们曾因为一笔费用问题而争执过，但之后又回到了田园般的氛围。现在分析师有机会触及仍然悬浮在空气中的共同的愤怒。实际上，尽管放松的情绪氛围是这次会谈的特征，反映在脚的动作上，但这里依然存在一种联想，我们发现在"抬脚"和"举起手来! 要钱还是要命! "之间存在一种联系。

蜗牛虎

一位分析师告诉我，在分析开始时，她曾害怕她的患者。为了让我了解这意味着什么，她告诉我，她把她感受到的患者"当作蜗牛"。在说话之间，她用两只手模拟着一种手势，仿佛要传达一种凶猛的动物即将抓住你并将你撕裂的感觉。我感到有点吃惊。在我小时候，我和一个玩伴经常组织蜗牛赛跑。我从没想到它们是如此危险的动物。"也许……更像老虎而不是蜗牛!"我开玩笑地对我的同事评论道。

我们可能会认为,这样一只具有攻击性的蜗牛——在字典里,它被定义为腹足纲、肺螺亚纲、柄眼目蜗牛科的软体动物——可能对分析师的自恋构成了威胁,她希望得到更多关于她在治疗中所做努力的积极反馈,也希望取得更快的进展。然而有趣的是,在意大利,"软体动物"是一个可以用来形容懦弱、惰性、缺乏意志力和性格的词。

另一个存在的事实是,这只蜗牛虎是一个非常令人难忘的角色;如果我们把它看作分析(甚至是督导)的如梦的象征,那么也许它体现了将自己暴露于新思想面前的恐惧,以及对不能将它们变成自己的一部分的恐惧,从而显得"慢"(不聪明),等等。简而言之,新思想被体验为一种伪装成蜗牛的老虎。从这个角度来看,赋予分析师的手势一个共享的行动遐想的含义是合理的,这个共享的行动遐想传达了一种无意识的情绪,它关乎患者在分析师面前时的无意识情绪,以及分析师在督导中与我在一起时的无意识情绪。我的方法是,将以上(超级)视野缩小到可以容忍的程度。基本上这是一种被威胁的感觉,因此也是一种对他人判断的恐惧(红灯)。这就是蜗牛的两只无害的眼柄变成了爪子的原因。

抱枕

洛丽躺在沙发上，突然转过身看着我，脸上带着惊愕的表情。"这里缺了一块！"她说。然后我递给她上一位患者在每次会谈前都会习惯性地取走而我尚未放回原处的抱枕。我向她解释发生了什么，尽管我本来是很乐意不去这么做的。停顿片刻后，我开始再次试图说服她（几乎就像我无法控制自己一样）。我告诉她，在分析中，类似这样的小事通常是重要的。习惯一旦形成，当一些事改变了常规时，人们就会感到困惑或迷失方向。她问："就像摔倒，或者感到头晕……？"再一次，我发现自己仿佛受到胁迫一样要说一些话，然后我大声回忆起马塞尔·普鲁斯特（Marcel Proust）的小说《追忆逝水年华》（*In Search of Lost Time*）中巴黎一座庭院里的不平整路面这一著名情节，它触发了该书的叙述者一系列关于威尼斯的无意识记忆。停顿片刻后，洛丽说："我本来想问你是否对福柯（Foucault）感兴趣的。我看到你的书架上有一本关于他的传记。"我再次问她是否对此有任何想法，并在心里思考着这与我们刚刚说过的内容之间可能有什么联系。她说："嗯，除了福柯关于疯癫、诊所的诞生等研究之外……对我来说……引起我兴趣的是同性恋……我和一个朋友曾经去过一个俱乐部，在那里我们觉得自己就像欲望的对象。那是一种令人陶醉的感觉……那里有变装者和女同性恋者……有一次，我来月经了，而Ａ还是想做爱。我看到一摊血，于是我有了一种不可抗拒的感觉，我想呕吐，就像我的颅底骨折时那样……"我告诉她，我对于咨询一开始的对话与这段记忆之间的类比感到震惊，这与令她感到失落的另一个情境有关……似乎两者之间存在某种联系。"有一次，在学校，"她继续说，"他们让我一个人坐在桌子旁，然后校长对我大喊，如果我不停止捣乱，他就要把我赶出去了！"

当洛丽到达这里时，她发现有什么东西缺失了。事实上，这是一种物质客体，这种物质客体的缺失引起了特定身体部位的不适，她所表达的情境和惊讶的感觉使我们推测，她可能正在重温一种感知或符号上的创伤。与分析相关的存在的基本节奏似乎突然被打断。我们可能认为，这与发生在久远的过去那被压抑的无意识中的某种创伤体验有关。这解释了为什么洛丽做出了她所做的反应。她就像迷失了一样。另外，我们还应该注意到，我忘记把抱枕放回原处了。我未能这样做这一点可能以具体的方式象征了分析的支持和容纳功能被剥夺；就像我感觉到了这一点，需要赋予它可表现性一样。也许正如后来发生的那样，它促使洛丽记起并可能重建一个旧伤背后的故事。

缺失的抱枕似乎是她的颅底骨折一般，这一原始创伤使她的思考能力严重受损。"感到没有一个地方可以安放自己的头"

这种感觉成为一种金属般的装置，把个体从分析的场景带入其他意义的秩序：从分析性场域带入患者的内在世界，最终带入她的过去。是否在所有情况下，这都可以被视为遐想的母性功能的缺失？我的行为是否可以被看作一种诠释？或者一种活现？无论如何，事情都不会在那里结束，因为紧接着我说了太多话（仿佛激活了一种自我督导的功能），并给她提供了不必要的解释。这可能是因为我被她眼中闪烁的恐惧所触动，并感到有必要修复所造成的伤害。我感到自己必须做点什么或说点什么。简而言之，这种冲动驱使我提供了一个言辞性的抱枕，以及在实际的抱枕之外的存在，虽然我已经把抱枕放回原处。

在我提及普鲁斯特时显然有一些理智化的成分。一方面，由于感到突然的失衡，我求助于文化和书籍，以远离我那太过压抑的情感；另一方面，我提醒自己这是我真正喜欢的一位作家，而不仅仅是出于奉承。因此，我有一种将我宝贵的东西给予她的感觉。但这并不是故事的全部：几年前，我确实在威尼斯生病了，然后我因为一场突如其来且可能严重的健康问题而"脱轨"。简而言之，我与患者存在一种深刻的认同过程，或者可以说，存在一种无意识的心理理解过程，掩饰在平庸的联想之下。然而，在最为表浅的层面，洛丽以一种知性的方式回应；不过这里也有其他一些东西。她将福柯与普鲁斯特对立起来：一个人的同性性关系与另一个人的同性性关系及她对这一主题的学术兴趣的联系。洛丽回忆起她过去的出格行为，我们可以将其看作一次试图抓住牛角的失败尝试，目的是让自己暴露在自己害怕的事物面前：性伤口的血，但也包括他者的缺席。一切突然朝着"同性恋"的解决方案和对一种暴力形式的戏剧性唤起的方向迅速发展。

我从缺失的抱枕的类比开始，从颅底骨折及自我感知层的相对隔离开始，但更重要的是从我自己的眩晕感开始，就像一个在线团中失去了主线的人；我利用了无意识的心理工作，并试图说出一些有助于我们理解事物的话。也许分析必须在某种程度上以一种"女同性恋"的方式进行很长时间。费罗（Ferro，2002，2007）可能会这样表示：（♀♀），作为一种本身不能产生的关系。不同观点之间的摆动范围只能非常狭窄，否则就会出现"血腥"的沟通断裂。如果没有这些，重新赋予旧创伤以意义的可能性就不存在。一切都取决于它们的可持续性。但弗洛伊德的忠告仍然有效，躯体中没有什么能被摧毁。学校的情节可能意味着我们必须停止引起骚乱：容纳或遐想能力的不足被体验为主动的迫害。

我运用分析性场域的绝对反现实主义原则（这显然与无意识心理现实的绝对现实主义相对应！），即此时此地的原则，但我仍然遵循被我称为弱主观性的原则，它介于单人心理学（主体心理学）和激进的主体间理论之间。更偏向于后者的解读会以一种更无个人感的方式看待场域中的所有事件。有那么一刻，它会悬置使主体分离的所有引用（在实践中是不可能的，因为它们始终与他们无意识地产生的情绪场域具有辩证的张力），并将咨询作为一个叙事来阅读，这个叙事由不同的作者讲述的角色和事件构成，这些作者在完成的、完全虚构的作品中不再可识别。毕竟，多人在线视频游戏的玩家通常互不相识。他们对他人的面容或故事一无所知。他们只知道对方的虚拟化身。这已经足够让他们参与令人兴奋的游戏并学会更好地玩游戏（即象征化）。

梦

2020 年 5 月 18 日，封锁的最后一天

这是第一次封锁解除的前一天晚上。我们正在开车去往热那亚。在路的一个拐角处，一片深绿色的丘陵景观映入眼帘——更像托斯卡纳的风格而非利古里亚的，广阔而美丽。但正规的路到此为止。它继续向右延伸，但现在是一条宽阔的土路。他们正在修建一条高速公路，或者可能正在重新铺设沥青。我注意到一条偏离的道路，它指引了相反的方向，而且是上坡而非下坡。过了一会儿，我开始步行。斜坡越来越陡，我

发现自己正在攀爬一堵垂直的冰墙。我感到烦恼。我试图往上看，但看不到。我无法继续前行，于是我问走在前面的 S 是否能看到顶部。我醒了过来。

弗洛伊德说，梦的中心是永远找不到的，甚至这个梦也可以用许多不同的（但不一定是任意的）方式来解读。乍看之下，我觉得对当前事件的引用是显而易见的：第二天的不确定性（没有沥青的高速公路）。封锁将结束，但病毒仍然存在，尽管看不见。然后，还有死亡的无形维度：冰墙、孤独，以及在这段时间里生病并不能存活的风险。但生命的有限性也可以从积极的角度来看，正如弗洛伊德（Freud，1916）在他的杰出论文《论短暂》（On Transience）中所说的，它是美感的核心：海和山，把我带回到我出生的那部分意大利。

然而，当我意识到我无法看到我面前的事物时（实际上是在我上面），关键时刻——也是我想强调的时刻——到来了，于是我寻求帮助。在梦中，我凭直觉感受到这是我能够恢复人性并逃离噩梦的无人之地的唯一途径。这一点的深层含义是向他人呼吁，或者（重新）发现我们只能通过在我们内部的另一个人来看到（思考；在希腊语中，"theōrein"意味着"看到""考虑"或"推测"），而这个人也被我们看到，反之亦然，等等，这可以进行长时间的讨论。

例如，我们可以问自己：当我们谈论主体间性时，我们谈论的是什么？在主体间性的光辉中，弗洛伊德的无意识概念会变成什么样子？对于我们生活其中的"文明"的不满，我们能说些什么？我们是否注定不幸？有人说，整个人类（当然还有很多宝贵的例外）似乎陷入了一种不可抗拒的走向自我堕落的冲动，这是真的吗？如果在一个存在支配的关系中没有相互认可，那么我们每个人可以从自己开始做些什么，以创造出真正引起本真的主体间认可事件的"装置"，从而抵制"堕落"？

狮子王

一夜之间，我多次惊醒。我被有关新冠疫情暴发的令人担忧的消息所困扰。我梦见自己在出生的房子的花园里。在篱笆的另一边，我可以看到一只成年狮子的轮廓。我感到害怕，并跑去告诉每个人，他们应该立刻把自己锁在房子里。在另一个场景中，我不知道在之前还是之后，我看到一只狮子幼崽在花园里和一只狗或家猫一起玩耍和奔跑。

当我醒来时，我将这个梦解读为对一种我无法预料或勉强逃脱的危险的表征。第二天，在午餐时间，我向家人讲述了这个梦。我的意图是缓和一下总体担忧的气氛。但实际上，我这么做是因为这是一场噩梦。这就像一场精神消化不良的袭击。我内在世界的演员们，在上演我的情绪"戏剧"（并因此赋予

其以意义）时不断交流，他们无法独立应对，于是决定从外部
小组寻求帮助。正如我的一位家庭成员立刻指出的那样："很
明显，狮子戴着王冠（意大利语中的'corona'）！"

梦的背景是我们所有人都在经历的情境（在写作时，没有
人知道它将如何结束）。由于我的年龄，以及我无法无限期地
停止工作，我感到自己是面临传染风险的人中最易受到影响
的，但也是可能打开狮子笼的人。作为一家之主，我是这种情
境下的"狮子王"。与迪士尼电影的联系让我意识到整个情境
中蕴含的俄狄浦斯含义。前一天，我对我的一个孩子（实际上
是家里的"幼崽"）提高了嗓门，我认为他没有充分意识到危
险，想和朋友一起在主广场喝点酒。

我还记得我在30年前开始做分析时做过一个类似的梦，
那时"狮子"这个词包含在我的分析师的名字中，他在和我现
在差不多的年龄时过早地去世了。

我还反思到，在这段时间里，甚至在官方限制被引入之
前，我便禁止自己去拜访年迈的父母，他们至今仍然住在我
梦中出现的房子里。我永远不想成为这个病毒"王冠"的传
播者。对于熟悉某些主题的人来说，这是以另一种方式认
识到"王冠"与弑父之鬼［俄狄浦斯（Oedipus）、卡拉马佐
夫（Karamazov）、麦克白（Macbeth），当然还有哈姆雷特
（Hamlet）——"咬死你父亲的蛇现在戴上了他的王冠"］从未

分离的方式。

在讲述这个梦的时候，我强调了梦的功能——在《超越快乐原则》（*Beyond the Pleasure Principle*）中，弗洛伊德将其归因于梦工作，而比昂（Bion，1992）后来将其扩展到整体工作中——将恐惧（schreck）转化为焦虑（angst）。前者的感觉带有潜在的创伤性，而后者则充当一种危险信号，从而保护自我。我还想强调的是，主题和代际、过去和现在、现实和无意识幻想之间那迷人而不可分割的交织构成了遐想和梦。

幽闭恐怖症

一位患者 Z 讲述了一个梦："我在一栋房子里，我病得很重，我很累，我有一些疾病，但房子里并不黑暗，到处都是正在玩耍的孩子，我的眼睛下面有黑眼圈。我走出花园，那里有一些安静的人，阳光灿烂，花园的中央有一口棺材，那口棺材是为我准备的，我请求给我一些东西让我入睡，因为直接进入棺材让我感到害怕，我可能会窒息并生病……天哪！"

如果这不再只是患者晚上在家做的梦，而是患者和分析师在咨询的当下一起讲述的梦，意义就完全改变了。这不再仅仅是患者关于他内心有一个死去的母亲，或者在棺材（子宫）里感到窒息，总之，不再是关于心灵中有一个幽闭又恐怖的地方的噩梦。在假设层面，分析关系也可能会变成这样。至于为什么？我们不知道，但重要的是提出这个问题。

例如，这可能是因为分析师有点迂腐，对患者进行训诫。对于已经被过度的负疚感折磨的人来说，这些关于改变的隐含劝告只会使他陷入更深的危机。关系变得"令人窒息"——这个词确切无误。分析变成了一个封闭空间。通过梦传递的场域信号是强有力的。它召唤出一个从情感角度来看几乎无法想象的情境。只是想想就令人痛苦：就像看到《杀死比尔》(*Kill Bill*)中的乌玛·瑟曼(Uma Thurman)被活埋，或者《埋葬》(*Burial*)中的主人公，或者布纳尔(Buñuel)的《一条叫安达鲁的狗》(*Un Chien Andalou*)中的一个场景，一个男人拿着剃须刀片，切割了一个女人的直直朝着观众看的眼睛。

梦中的转化

兽医分析师

A 在咨询开始时说她的猫生病了，她不得不带它去看兽医。然后她问为什么她再也听不到分析师的狗的声音了；它难道不太好吗？最后，她说她放弃了学习心理学的想法，而是考虑兽医学。她指出，对动物来说，一切都是"生理学的"，不存在必须诠释事物的问题。因此，她补充道，她认为自己会是一位非常优秀的兽医；不会有失败的危险。

她的推理明显暗示着，在希望从精神分析理论的角度理解事物时，空气中产生了太多的焦虑，也许还有对关系更"动物"方面的共鸣能力的不足。分析师确实为患者提供食物，但是是以素食主义者，有时甚至是纯素食者的饮食，始终要注意吃什么和不吃什么。所有分析师都应该学习兽医学，但是 A 说，"每个人都想成为心理学家，没有人想成为兽医"。

迷失在修订中

我必须进行一个网络研讨会的督导。立刻引起我注意的是，我接连收到了患者病史的两个版本。原因很简单。分析师在继续编辑文本，删除了一些可能违反患者的保密性并暴露其身份的元素。然而，如果我们考虑到，只是表面上与分析性场域无关的事实不仅在分析中被创建，而且在督导中也是如此，我们就可以把它看作梦或噩梦的一部分，分析组合陷入其中并请求摆脱。当然，"梦"对我们来说意味着尝试理解和赋予我们共享的情绪体验以意义。此外，我们假设督导中的梦与分析中的梦是共鸣的，因此可以代表对后者的扩展、演变或转化；也就是说，它有助于将某件事情不被理解时人们所经历的迫害性氛围转变为这种情况发生时的宽慰性氛围。

这两个版本有何不同并不重要，也是不可能分析的。然而，我们立刻就知道的是，其中一个版本已经被撤回，另一个版本已经公开。这里提供了一个将其视为一种行动遐想的机会，也就是说，有些事物被我们目前所处的分析组合戏剧化了，因此我们可以潜在地用直觉来了解正在发生的事情。

正如我上面所讲的，重要的是抵制想要过早填充其具体含义的诱惑。然而，出于"教学的"原因，以及为了阐述清楚，这里我将采取相反的做法。一个小例子是展示预设观念的"小盒子"是如何被一个此后变得具有启示性的事实填满的，例如，我们在文本中读到提及前分析师的一句话："另一个人透露了太多关于她自己的事情。"如果我们从会谈的共享梦的角度来倾听这一细节，它可能就会引发一个问题，即类似这样的事情如何及是否会成为这位患者和分析师互动方式的一部分。如果文本的修订版本更加关注对保密性的尊重，那么以此类推，发送它的行动遐想可以被看作分析师的梦（或者更确切地说，是她与我目前所属的群体所做的梦），在与患者的会谈中，某种"缺乏尊重"的可能性也许会成为分析中的一个问题。

在一个平常的层面，我们可能会忽视诠释的可容忍性原则，这可能会在无意中最终导致某种相互的暴力。从这个观点来看，患者感到被暴露在过度的"差异"中，并像我们在文本中读到的那样以"恶心和充满杀意的愤怒"做出反应；而分析师则受到了患者对她的具有攻击性的侮辱。

失智症

患者 S 担心自己患有阿尔茨海默病。分析师安慰他。分析师之前就注意到，她经常感到这位患者对她有一种要做"一个理智的人"的压力。我们知道安慰在分析中具有相对的价值；然而，从另一个角度来看，如果我们考虑在无意识沟通和分析性场域方面，"失智症"可能意味着什么，那么这个"疾病"可能意味着他们俩都倾向于过于"理智"。

"失智症"所具有的场域角色可能指向对其无意识含义的不充分诠释。为了治疗这种疾病，分析师应该以负能力 / 信仰的形式，使用适度受控的非理智或"失智"，即在不带有记忆、欲望和理解的情况下倾听。

这个做法的核心始终围绕着将咨询对话视为由两位作者共同撰写的戏剧脚本的需要；这意味着从无意识互动的角度来看，要分辨出谁应对某个句子负责是不可能的。这样的看待方式的确意味着对原有视角的戏剧性颠覆，会产生具有重大影响的结果。

例如，如果我们将患者对生活中某个人的抱怨视为寓言体叙事，在这种叙事中，由分析师和患者组成的分析组合或二人小组就他们呼吸的空气质量彼此交流，那么我们就不能再以严格意义上的移情方式来诠释事物，也不能提供移情性诠释。我们不再需要对实时叙述的故事持怀疑态度。"我们"替换了"我/你"，"此时此地"替换了"彼时彼地"。再强调一下：替换"我们"和"彼时彼地"并不意味着取消它们；就像在观察一个双稳态图时，我们从一个视角切换到另一个视角一样。心灵的成长不是在主体绝对化到极点时获得的，而是当主体设法处理多重性和由此及彼的变通性时获得的。通过这种方式，个体扩展了自己的可能性。情绪正是身体的准确反应，提示主体进入重大变化的极点的时刻。

在这种情况下，分析师可能会认为患者费心阅读的文本（也可能是分析师自己的遐想）是他们无意识地共同撰写的故事，因此它是真实的，也确实必须是真实的；它也反映出他们之间以尴尬、挫败、怨恨等为特征的情绪氛围。尽管分析师不是咨询文本的唯一作者，但她的角色要求由她来改变房间里的氛围。从这个角度来看，在分析师说出任何一个词之前，主要的治疗因素就在于她有能力收回一种无意识情绪的所有权，不论这种情绪是因为根本没有被认出，还是因为只被归因于患者（或者只被归因于分析师）而成为无意识的。

妈妈

一位分析师建议患者反思她（关于她妈妈）的创伤历史与她对分析中断的反应之间的联系，以及分析师与她的"妈妈"之间的相似之处。这是一种明智且正确的诠释方式。然而，我们也可以尝试添加另一个镜片（类似于眼科医生在测量患者近视度数时使用的技术），看看是否能够得到稍微清晰的视角。

一个可能的观点是将"妈妈"看作分析师 - 患者双方绘制的舞蹈图案之一。这样的图案（角色、场域全息图）将在分析的某个时刻或阶段表达出有关他们的情绪真相。由于它是"共享的"而不属于其中任何一方，我们会将其视为在无意识层面已经辩证地协商过的部分，至少对他们来说，它是必然的真相，因为这是他们的观点，而不是立即（或专属地）可追溯到患者历史中的创伤事件。过去的记忆无非是消化当下贝塔元素的一种方式。

通过选择从这个角度看问题，分析师会思考她可以做什么或说什么来改变被"妈妈功能"（MOM FUNCTION）污染的空气，这种"妈妈功能"使沟通变得不可能，并用一种仅仅交换"信息"的肤浅方式来取代真正的情感共鸣。重要的是，在这个观点下，任何关于两次会谈之间中断的谈话实际上都被作为会谈内联系的中断来倾听。

天堂与地狱

患者 T 描述了他决定在家里进行自愿隔离后的挫败感，并将其与童年记忆联系在一起。他讨厌上幼儿园。他曾经从游戏屋的一个小窗户望向附近的房子，心生"思乡之情"。他告诉我："那就像天堂和地狱一样。"这种情感一直持续到他开始每次外出都要呕吐，他的妈妈也停止强迫他外出为止。

在这里，患者 T 表达了他在新冠疫情暴发期间的沮丧经历，这意味着他必须在工作中，在业余时间，以及在情感关系中放弃许多与人见面的重要机会。同时，他可能也在暗示我们关系的距离，因为我们的咨询是通过互联网进行的。

但还有另一种可能的视角可以考虑。"地狱"和"天堂"可能是他（或者更准确地说是"我们"）用来表示我们何时接触、何时不接触的图像，而不管咨询是远程的还是面对面的。他提供的空间描述意义重大。在上面的是天堂般的房子，而在下面的是地狱般的幼儿园。不过，难道地狱不是每个人都觉得自己被俯视时所处的精神状态吗？

把新冠疫情与其对实际生活的风险进行关联，是一种将自己在这些分离中体验到的危险强烈象征化的方式。每一次与客体（与他人）分离，都好像他在冒着染上致命肺炎的风险一样。

顺便说一句，在这里我们注意到隐喻或寓言式表达的创造性模糊（"好像"）相对于纯粹的概念性或抽象表达所具有的丰富性。在感知（生动性、感性、在场）和意义（观点的多元化）方面，这里有明显的增益。为了欣赏夜间梦（或幻觉症、遐想、隐喻）所具有的"幻觉"画面的认知价值，以及这些画面努力想要容纳的原始情感的真正深度，其中的"秘密"在于将现实（双侧肺炎的风险 = 对分离的恐惧）虚构化，然后反转这个过程，并在某种程度上使"梦境"具体化（分离 = 真正的物理性肺炎）。

通过这种方式，我们重新发现了心理现实的分量，因为我们非常注意双侧肺炎的医疗状况会产生什么后果。此外，我再次强调：我们应该将其视为真正影响分析性场域（患者和分析师）的"双侧肺炎"，换句话说，将其视为联结他们的情绪功能的质量。就像在艺术中，比喻语言的虚构使我们能够触及一些在我们的感觉上比纯粹感知更真实、更真切的东西。

回到患者 T 的例子，从历史和心理学的角度来看，很明显，如果他这么容易感到"负罪"，那一定是因为他受到不安全依恋的困扰。换句话说，他对失去赖以生存的客体的爱的恐惧很强烈。因此，他显示出一种以僵化的方式解释规范的倾向。似乎与客体分开本身就意味着"犯罪"，意味着踏上通往地狱的旅程。通常，一旦建立了这种等同性，个体就开始与狼同居了，即进入了一种粗糙生活的具体的心理领域。如果事情进展顺利，随着时间的推移，个体将学会承担"牧羊犬功能"。如果能像《与狼共舞》（*Dances with Wolves*）中那样发展出"凯文·科斯特纳功能"（Costner，1990），或者像《圣弗朗西斯之花》（*Little Flowers of st. Francis*）中的"圣弗朗西斯"所做的那样，成功地与狼交流（在影片中，这一幕发生在古比奥）就更好了。

再一次，通过另一个透镜，我将目光投向当下的心智成长，在我看来，重要的是看到患者的故事，毫无疑问，这本身就具有价值。就相互认可的变迁而言，没有什么能阻止我将其视为我们在会谈中无意识经历的部分。重要的不仅是认为"狼"只存在于过去，或者只存在于患者的生活中，又或者只存在于他的思想中，而是认为它们也可以真实地代表我们双方在此时此地所体验的氛围。

例如，在患者 T 最终将这个童年记忆作为一场共同的梦来倾听之后，我对在与他的咨询中感受到的慢性枯燥感有了越来越清晰的体会，我越来越容易分心，对他不断重申他不知道该说什么，以及我对他想要寻求针对各种日常问题的实际建议感到烦躁。所有这些感觉或许对应了我们当时试图占据游戏和梦的维度的困难，因此也对应了未消化元素的"呕吐"。

然后，分析师（不对称地 / 有意识地 / 作为独立的主体）

将诠释共同的梦，或者将二者的个人情感带回到它们的共享矩阵中，从而承担起对它们的责任，并在必要时尝试"改变天气"。例如，如果很长时间没有下雨，我们就需要跳一场雨舞。我们不要忘记，分析师的魔力应该在于他对无意识的倾听能力。以下简短的案例涉及幻觉中的转化。

斜杠

在为督导准备的文本中，分析师经常用一个大写字母后跟一个点来表示患者及其亲属。团体中的一位同事观察到，分析师发现自己很难与患者产生共鸣，因为单个字母的使用使患者显得太非个人化。经过仔细观察，我注意到字母后面经常跟着家庭角色的说明——如父亲、女儿、妻子——被放置在两个斜杠之间。例如，"B. 和 K. K./B. 的儿子 /"或"B./妻子 /"或"F./儿子 /"。结果是这些文本中的断裂、突然的切割或光片似乎切碎了分析师所叙述的故事中的所有人物，或者限制了他们的人性。

不久之前，我们有过关于跳过咨询和延迟咨询的讨论：患者（或者从场域视角来看，分析组合）似乎不得不做出许多"切割"，以防止在会谈期间流露过于强烈的情绪；但这些"切割"也是一种标志，表明患者对原始感知和情绪的转化能力不足，这或许是由于陈旧创伤留下的疤痕。还有人指出，尽管患者很混乱，但他能够以极大的深度和罕见的诗意天赋表达困难的概念。我想到，斜杠（/）也用于表示诗歌中断行之间的分隔。

这些叙述活灵活现地展现了简单的字母和标点符号——就像梅兰妮·克莱因[①]的一位非常年轻的患者在一张著名的页面上所做的那样。一方面，我们推断，患者创伤的切口使他用诗意的停顿来叙述他的痛苦；另一方面，这使得分析组合似乎更多地在符号学水平上工作，而不是在语义水平上。他们共同展现的本真性和进入深层关系的能力，与精确地使用精神分析概念以记录分析领域中最初的动荡的可能性之间似乎存在一种相对的割裂。

例如，在阅读文本时，分析师两次将"reveals"（展示）发音为"relieves"（宽慰）。然后，在几页后，患者告诉分析师一个女孩自杀了，并观察到也许她的亲属对此感到宽慰，因为她

---

① 参见梅兰妮·克莱因（Klein, 1924）：对于小弗里茨来说，他写这几行字意味着道路，而字母则骑在摩托车上——在钢笔上——在它们上面。例如，"I"和"e"一起骑摩托车，通常由"I"驾驶，它们之间有一种在现实世界中完全未知的柔情。因为他们总是一起骑行，所以它们变得如此相似，以至于它们之间几乎没有什么区别，因为"I"和"e"的开始和结束——他在谈论小写拉丁字母——是相同的，只是"I"中间有一点笔画，而"e"有一个小洞。

把他们逼疯了。然而，分析师没有抓住这两点之间的联系。否则她可能会将她的两个"错误"视为幻觉中的转化，并根据患者对女孩的评论来阅读它们。通过这种方式，分析师也许会凭直觉感受到患者向她提出了一个关键问题，即她是否能够处理他的疯狂，或者，她是否会对他的"自杀"感到宽慰，无论这个"自杀"是在具体意义上还是作为对关系的撤退或终止治疗的隐喻？事实上，患者之前被一位认识到自己无法帮助他的治疗师拒绝了。

产后抑郁症

分析中断的时期即将开始，因为我的患者 P 快要生产了。她说："复活节后我会再见你……如果那时，我碰巧得了严重的产后抑郁症……"有一刹那，我的理解是，"如果你碰巧得了……"。这就好像幻觉中的转化帮助"普通"的无意识表达了与我们即将分离相关的情绪体验的深层含义，对她甚至对我们双方来说都是如此。

显然，在意大利语中，"parto"（分娩）［来自动词"partorire"（生产或分娩）］和"parto"（我要离开）［来自动词"partire"（离开）］的同音异义起到了作用。

伍迪·艾伦还是演员工作室

在喜剧中，"救赎"[①]的双重原则适用于形式和内容。当幽默的元素出现在分析中时，它总是代表着一些无价的东西。例如，患者A描述了某天晚上他偶然在酒吧遇到了他爱的女人的经历。由于他当时和另一个女人在一起，因此他决定跟她一起去洗手间谈话。在这里，他解释道，他感觉自己好像在一部伍迪·艾伦的电影中。有六分钟的时间，他一直把手伸进冰冷的水里等她出来。洗手间里没有热水，而他讨厌寒冷。分析师调侃他为什么把手伸进冰冷的水流，暗示他如果不这样的话他会感到自己不真实。他们一起对着这个场景大笑。分析师说："不仅是伍迪·艾伦……这更像演员工作室里的事情……你知道……在那里，它必须看起来是真实的……"患者A回应道，他当时对于他们将看到接下来会发生什么感到非常兴奋，"也许在这张沙发上会有《美丽人生》（*Beautiful*）的另一集"。

在这个案例中，分析师和患者一起游戏的能力是明显的。他们将彼此讲述的故事与伍迪·艾伦的电影或电视剧《美丽人生》联系在一起，这突出了他们将一起获得的经历象征化的能

---

① 在喜剧中，"救赎"原则通常围绕解决、宽恕及角色或情节的积极转变的概念展开。角色可能经历一系列冲突、误解或挑战，导致需要解决的关键点。"救赎"通常涉及角色经历个人成长、增强自我意识并找到与他人和解的方式。——译者注

力。患者和分析师可以轻松地在现实和虚构的世界之间穿梭。然而，我们想象的那六分钟无尽的冰冷，以及在某一时刻"讨厌"这个词的出现，透露出这（在"原始的痛苦"中等待客体）可能在过去发生过很多次，或者反映了内部客体之间某种类型的关系，而这也是咨询中正在发生的或可能刚刚发生的。

因此，诠释的目的总是将远处的东西变得适合观察，即将其尽可能地拉近。就像吉诺·波利（Gino Paoli）的一首著名的意大利歌曲［《房间里的天空》（*Il cielo in una stanza*）］中唱到的，每当分析师带着"天空"（表面上似乎很遥远的东西）进入咨询室。视角的转变是即时且令人惊讶的。对我们而言，任何靠近我们的东西都更适合观察且更重要。对患者来说，心爱的女人变成了分析师，而对分析师来说，对称地，患者变成了分析师，但并不是作为移情的对象。要说真有什么的话，那就是移情已经变成了对客体真实品质的认真且敏锐的阅读。

我们再次意识到，摆脱在两个独立客体之间的关系中描述谁对谁做了什么的语言是多么困难。但严格来说，如果我们真的将分析性对话的片段视为由分析组合构成的场域的连续梦境，那么我们可以将"惊喜""焦虑""冰霜"和"憎恨"等"角色"都视为场域的情绪功能；作为一系列迅速变化的氛围，分析师必须有意识地努力以积极的方式影响它们的走向。我重申一遍：情绪在至少两种不同的方式上可能是"无意识"的：首先，因为有时在特定时刻处于活动状态的情绪必须从故事中推断出来；其次，即使它已经是显而易见的，也必须被追溯到不仅是分析师或患者身上，而且是二者身上。从本质上讲，即使它是已经被意识到的情绪，如果不能被解读为会谈中的"O"或在此时此地"共享的"无意识情绪，也依然是无意识的。如果没有进行这样的转化，就意味着分析师没有为此尽责。

在这个案例中，分析师相对成功地积极处理事物，即将它们朝着合一和认可的方向移动。通过一种不饱和的干预——也就是说，一种看似日常、平凡或简单的暗示和戏谑的方式——她设法与患者分享了一个幽默的解脱时刻（最富有真挚敬意的人类表达）。在咨询的梦境历史中，这种心境源于在分析室内意外地识别出"酒吧"时刻所引发的尴尬、强烈的愿望和羞耻的混合情绪。我们如何在回顾中知道新的联结或氛围转变是什么？我们关注进入场景的新角色。在这种情况下，肥皂剧《美丽人生》出现了：它既是对美的感觉的信号，也是对这部备受瞩目且极为成功的电视剧那曲折和错综复杂的情节的召唤。此外，正是患者本人在提到分析师的沙发时无意识地将该情节转移到分析的场景中。

最后，当分析师评论"……它必须看起来是真实的……"时，我们不难欣赏到分析师的话语在治疗作用的理论方面所具有的元沟通价值。只有感觉真实和现实的东西才有希望在人们的深层情感世界中引起变化。

翻筋斗

在一次咨询开始时，一位患者描述了她的私人教练如何教她翻筋斗。她只需要克服最后一个障碍就会成功。这让她充满了幸福感。起初，她害怕受伤，紧张过度，但现在她意识到她的身体正在学习。她成功了。

对这个故事的一种可能的倾听方式是，将其视为分析组合的无意识在向他们自己表明，当他们能够"游戏"时，换言之，当他们对咨询中所发生事情的意义的言语解释没有覆盖非言语沟通，因此功能和能力的发展作为情感概念或隐含的行为模式沉淀在身体中时，他们会做得很好。

全天候

患者 S 请求将她每周三次的咨询减少到两次，即每周的咨询少一个小时。她经常谈论一个比她年长几岁的同事，她在很大程度上依赖这位同事。她喜欢与这位同事一起工作，但时间只能是"少量的……不能是全天候（24/7）[①]！她让我感觉很不舒服，她不尊重边界，我要尽量争取一些空间"。从 S 的角度

---

① "24/7"是一个用来表示全天候、每天都有效或全年无休的符号，它源自数字表达方式，表示每天的 24 小时，每周的 7 天。——译者注

来看，尽管分析师在她身上投入了很多，她也会感到紧张，并且发现沉默的时刻很有挑战性。咨询的情绪氛围似乎充满了过于紧迫的相互期望。我突然想到，与其试图让他们理解，不如让他们想象自己在一个酒吧里和朋友聊天，而且他们有大把时间可以消磨。

现在，让我们试着作为分析师来倾听。那么问题就变成：当患者S告诉我关于她的同事的事情，其中可能的无意识含义是什么？

在场域框架内进行诠释，我们可以将患者S的评论转化为一个梦："我们梦见了一个相当让人讨厌的同事，我们需要找到更多的空间。"我们不再只将"同事"视为患者外部世界中的一个真实人物，或者视为移情投射的潜在载体。相反，我们将她视为在此时此地活跃于场域中的完全互惠的情绪功能的寓言。

一旦听到明显只涉及现实的话语，我们就可以将其视为分析组合传递给自己的潜在的无意识沟通，这并不意味着我们会自动知道主导情绪（会谈的O）是什么。

例如，"24/7"这个符号可能表明，他们好像永远不分开，这让人感到疲倦。如果我不得不形容它，我会说这似乎是最可能的含义。他们告诉对方，他们花了太多时间互相打扰。因此，分析师将意识到：（1）减少咨询次数似乎是一种共同需求而不是患者单方面地为了攻击分析所做的请求；（2）确实存在"太多"东西，即存在某种让会谈令人窒息并等待被减少的东西（更少的"剂量"）；（3）"压力"不会减少三分之一（因为从三次咨询减少到两次似乎只是一个建议），而只会减少 24/7，因为 24/7 已经变成了 23/7。矛盾的是，"24/7"这个符号可能还表明，如果他们找到了真正匹配的"搭档"，他们确实可以一直在一起，夸张的表达就是，整天都愉快地在一起！

排异

患者不断地贬低并挑衅分析师，甚至称她为卑鄙的人类。不管怎样，他通过这样的方式让自己变得令人讨厌，甚至近乎在身体上令人作呕。他会分心，不倾听，有时甚至会公然冒犯。分析师并不总是能够避免这种挑衅，他们经常会以陷入一种看似争吵的状态而告终。然后，分析师会倾向于提供解释，并保持相当理智化的水平。这种情况持续了很长时间。

逐渐地，"在寻找存在"（和生存）中，分析师设法避免了正面冲突。她学会了更好地容忍沉默。她试图不再以"我 / 你"的方式倾听，而是以"我们"的方式倾听。她开始理解"厌恶"不再是她对患者或患者对她的感觉，而是作为分析性场域的一种特质（"我们梦到我们一直觉得对方令人讨厌"）。通过这种方式，她得以将厌恶视为排异，即朱莉娅·克里斯蒂娃（Julia Kristeva，1980）提出的，儿童将自己从母体中分离出来的需要。她想起了那些时刻，患者看似莫名其妙地告诉她，他觉得和她在一起就好像窒息而死或被吞噬。她也预感到这是分析中最重要的游戏发生的层面——情绪的、非言语的层面。她必须允许这场相互触发的排异之战发挥作用，在他们之间建立更宜居的距离。

封锁还是俯视

> 分析师：在两次咨询之间的时间里，当你看不见我时，你生气了。
>
> 患者：日子会很漫长……如果发生了"俯视"该怎么办？

在同事为督导准备的文本中，出现了一次"笔误"：分析师把"封锁"（lockdown）写成了"俯视"（look down）。但从我们的角度来看，我们可以将这个"错误"解释为一种幻觉，即一个从中醒来的梦（实际上使梦成为真实梦境的事件），因此可以根据幻觉中的转化的概念/工具来进行诠释。给出的诠释可能是这样的：我们害怕的不是即将发生的不可避免的分离，而是现在我正感到（与你分离），因为接收到如此巧妙的诠释，我感到被轻视和被傲慢地对待，好像被俯视一样。很明显，这种感觉是完全相互的。一位受到如此指责的分析师反过来会觉得被患者看不起。

然后，问题就变成了将"俯视"品质诠释为一种场域 - 情绪功能需要被改变。事实上，屈辱和羞耻的感觉反映了相互认可过程的失败。

分析时光的愉悦

一位患者说："我躲在一栋建筑物的一个房间里，一个女人打开门找到了我。我有种复杂的感觉，夹在被发现的愉悦和被发现之间。"

最后一句明显可以解读为"夹在被发现的愉悦和被发现的（恐惧）之间"。所以，当分析师阅读文本时，她添加了被省略的单词，即"恐惧"。然而，我们可以问自己一个问题：那么，她（或者更确切地说，"他们"）无意识地省略了它，从而让我们产生了相反的想法，这意味着什么呢？也许，在表面的恐惧之下，实际上是愉悦的共同体验，在这里，她感受到自己的真实身份和价值被认可。

戒榛果巧克力酱

患者 A 说，当她还是个孩子的时候，她家里的每个人都必须遵循一种非常严格的饮食习惯，几乎不允许吃薯条、香肠、糖果、榛果巧克力酱、汉堡、意大利肉酱面、冰激凌。所有人都必须吃得非常健康。每一卡路里①都被计算在内。在她十几岁的时候，她开始出现厌食的问题，而这个问题从未完全消失。

显然，患者 A 也在描述患者和分析师在分析中为自己制订的饮食计划，一切都旨在取得好结果，这意味着放弃那些最美味的食物。分析师强调了患者的自我憎恨。然而，在这样做的同时，分析师也想起了她自己的疯狂。她未能考虑到，根据比昂对情感调谐的定义，有关"饮食"的整个问题可能涉及它们能够为自己提供和消耗多少"真实作为思想的食物"（truth-as-food-for-the-mind）的真实表现。换句话说，二者都遭受着一种心灵的节食，不给快乐和游戏（"那些最美味的食物"）留下足够的空间。

---

① 1 卡路里 ≈4.187 焦。——编者注

遐想

如果我见到她怎么办

在整个会谈中，分析师对患者 M 就由两次会谈的间隔时间和周末的休息时间引起的愤怒进行了诠释，并经常使用她的孩子气或"幼稚部分"等隐喻。患者则以各种方式表达不满的情绪。她接受了分析师具有克莱因风格的诠释，但在咨询开始时，她谈到了自己在青少年时期吃得太多的经历，那让她感到羞愧和屈辱。她说，在家里，她那条年迈的狗即将死去；它一直在流血，可能不得不截肢。然后她讲述了一个梦，在这个梦中，分析师以蒙面的方式出现，并不想帮助她。

房间里充满了愤怒；患者 M 也非常坦率地谈论愤怒。然而，这里给人的印象是，愤怒正在增加而不是减少。分析师用简单而直接的语言，以有条理、连贯的方式给出诠释；然而，她听起来很刻板，有点机械、疏离、官僚。她说的话类似于："也许你最近不太好，你在考虑下个周末，你害怕独自一人，害怕我会让你失望。看不见我，就像夺走你走路的能力、截断你的双腿一样。"

患者 M 谈到了一个朋友，以及她想创办一个协会来帮助有需要的儿童的想法，但这个线索并未被分析师当作一个真正关注她受伤方面的邀请。相反，分析师对于患者 M 对咨询间断感到沮丧的诠释转化为，对患者 M 应该接受的现实原则的关注。

在督导中，当完成对会谈内容的阅读后，其中一位同事提到了即将举行的一场会议（在那里，她可能会见到她的患者），并问道："如果我见到她怎么办？"在这里，这一可能会实际发生的场景，可以被视为一种遐想。它反映出的情绪涉及尴尬、羞耻、风险和评判。

如果我们将这个遐想视为一个共同的梦，那么不论发言人是谁，我们都可以将其看作访问无意识感觉的通道，这些感觉不仅存在于患者身上，也存在于分析师身上（基本假设或会谈的 O）。通过这种方式倾听，分析师将依赖于共享的或"第三方"无意识的再现能力。她不会将其解释为反移情，因为这最终反映了患者应为她的移情负责的扭曲。相反，她会问自己如何从羞耻和可能的回避中摆脱，并达到实际见面的地步。这种回避在某种程度上似乎描述了他们的关系。

在任何事件中，决定性的一步都在于视角的变化，以及倾听的方式。"如果我在那里见到她怎么办"不仅成为一种充满焦虑，甚至可能是苦恼的生死攸关的冒险的表现，也是一种可能性，即一种愿望的表达，一种更亲密、更真实的相互"存在"^① 的方式的预兆。

我再次强调，这个问题应该被视为一种遐想，而不仅仅是一个对可能在不久的将来发生的具体事件的预期。它应该是："我们梦见我们在想，如果我们见面会怎么样？"很明显，真正的相遇是在咨询中的认同，而不是在大学讲堂举行的研讨会或会议上。

顺便说一句，这个咨询中有阴影，也有光明，即使光明仍然处于刻板诠释的阴影锥中。例如，在咨询报告的某个时刻，患者 M 说她感受到了母亲的关心，当母亲告诉她不要独自坐电车去市中心，而是和她的朋友一起去时，她把这看作拒绝："我感觉很不好，就好像她在选择我的朋友而不是我。我明白这是她关心我的方式，但我不是这样体验的，我感到被拒绝。"然而，分析师误读了患者说的话，"就好像她（lei，这在意大利语中也是"你"的礼貌用语）在选择我的朋友而不是我"，被她读成了"就好像她（Lei，在正式地称呼某人时，通常用大写字母的形式代替'你'）在选择我"，这相当于说"就好像您（Lei）在选择我"。

换句话说，这样的误读听起来是让患者说，她根本不感到

---

① 这个动词也应该在主动语态中使用：我存在于你中，或者你存在于我中。

被拒绝，而是被分析师"选择"或认可。如果把这个错误视为一种幻觉中的转化，我们可以将其解释为一个梦境，当你发现错误时，你就从梦中醒来。它的含义可能是：不知何故，尽管我/你（我们）无意识地感到被拒绝，但在关系的更深层次上，我们正在选择彼此；换句话说，我们开始相互认可（本质上是通过情感纽带感受到联结）。

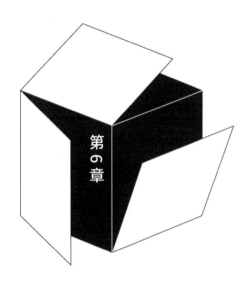

第 6 章

当前争议

主体会发生什么呢

关于这个问题，不存在坏的结局。正如我们已经提到的，我们所谓的"主体"的主观方面在每次我们编织主体间性的线索（链接、链条）时都会得到加强，确实就像同一枚硬币的两面，或者织物的经纬线一样。这就是为什么建立一个令人信服的关于主体的本体论和元心理学模型很重要：可以避免主体性和主体间性之间的虚假二分法。事实上，一个人越是"无限"，即越是成为一个不断增长的人类社群的一部分，他看待事物的视角就越多，也就越成熟或越自由。相反，一个人越是属于有限社群的一部分，他就越有可能盲目地服从一些死板的原则，也就越贫穷，越缺乏真正的主动性。这就像心灵领域内由伦理原则统治的民主制度与由道德主义原则统治的专制制度之间的区别。在有利的条件下，无论是个体还是群体都会发现自己处于一个双赢的局面。

外部现实会发生什么呢

外部现实和历史仍然是分析师与患者进行的无尽对话中的主题，并且有必要从各个方面被审视。（在持续数年、每周数次的治疗中，我们还能谈些什么呢？）然而，分析师在头脑中可以添加一个更复杂的理解层面，而无须向患者明确说明任何一点。精神分析的特质在于，它基于无意识的概念。在其严格的定义中，心理疗法更多地停留在话语的具体层面，并更多地依赖理性的理解。

经常有人批评比昂和 BFT 忽视历史现实和创伤。这一批评在我看来完全不切实际，除此之外，如果我们从其症状价值的角度考虑，将其视为与其他理论保持既远又近的距离所产生的明显差异，也是有趣的。对我来说，根据我们给这个术语在现象学和元心理学层面的含义，无论人们喜欢与否，这都证明了 BFT 比其他理论更激进地具有主体间性。这是什么意思呢？这意味着，就分析性场域的对称无意识层面而言，它更具包容性。它涵盖了更多的事物。否则，我很难理解为什么批评会专门针对这种激进的包容性。

　　显然，这并不是否定历史、个人传记，更不是否定物质现实的重要性；然而，重要的是要严格考虑主体间性的极点，以及默认主体明显具有的意识极点。分析组合的心理现实和物质现实始终要在辩证的——包括心灵内部的和心灵之间的——关系中被保持。的确，如果我们同意比昂的观点，即分析中重要的是真实的东西，我们就必须优先考虑当下，并将他者作为独立的主体的视图放在背景中（但不模糊），或者稍后才予以承认。我们可以与患者一起玩"传记游戏"，但即使在这种情况下，重点也将放在发展玩的能力上（心灵容器的扩展），而不是游戏本身的类型上。对于比昂，甚至对于 BFT 来说，"领悟"（comprehending）这个术语具有"接受"（taking）和"理解"（understanding）的双重含义；但为了复杂化事物，通过负能力/信仰原则（Civitarese，2019b），它还意味着放弃抽象的理解。

　　在分析中，我们有必要保持现实和幻想之间、意识和无意识之间的这种联结。在我看来，一些精神分析模型在这方面做得不够。它们以两种相反但又相符的方式强调事实或物质现实：它们要么倾向于低估无意识的话语，如某些形式的人际主义，要么陷入无意识幻想和无意识之间沟通的非严格概念中，同时天真地声称要重建患者的真实历史。用弗洛伊德的意象来说，每次现实对自身的打断，都像一场火阻碍了分析性剧场的演出。我们不应该忘记，精神分析是建立在把梦作为达到或扩展无意识的范式上的。

有时，被误解为分析师体验关系的一种有意识的和实时的感知的反移情，被当作病人原始神经症或精神病的移情再现被传递。分析师通过他所预设的反移情的棱镜观察他的患者。正如我们所见，无意识的概念变得朦胧。分析师错误地假设，如果涉及反移情，就要对意识的感知理论进行自动的、仓促的咨询，而不是关注感觉本身，也许后者才是真正的游戏所在。为什么？因为它在情感上更难，有时也更痛苦；因为它意味着更深入地参与无意识；因为分析师在容忍怀疑时需要付出更高的代价。相反，我们看到的是对每时每刻发生的事情进行透明的解释的全能渴望——当然，每个精神分析模型都面临这种风险；然而，我们能否认为某些模型对这种全能渴望的病毒有更强的抗体？

也许出于这个原因，比昂断言，分析师对自己的反移情唯一能做的就是由同事来分析它。事实上，在精神分析文献中，很少有像移情和反移情这样（令人讨厌地）无处不在又仪式化的术语表达；根据背景情况，这样的术语还有动力、配对、二元、双元等。人们常常怀疑，这一连串术语，即使已经丧失真正的含义，也仍然在被重复。这一概念的磨损是显而易见的。

但还有另外一个冗长的术语：创伤和证词的修辞。其想法是，面对真实的创伤（谁决定什么属于真实的创伤，什么不属于？），我们必须搁置分析性倾听，只以一种尊重和接纳的方式倾听 —— 而事实也总是如此。这些分析师对无意识经常表现出一种惊人的耳聋，在被他们认为是创伤的神圣领域之外，他们用使人内疚的诠释不断地折磨患者，甚至没有质疑自己的欲望在关系中扮演的角色。

梦或会谈中不真实的氛围

像"会谈中的梦"或"共享／共创的梦境"这样的表达很容易被误解。有些人认为它们描述的是会谈中过于轻松的氛围，患者和分析师什么都不做，只是交换模糊而缥缈的幻想。对于这种夸张的描述，我有很多话要说。在这里，我们只需回顾一下，对比昂来说，无意识是人格的一个功能，"做梦"与象征化是同义的（只能在主体间发生），因此我们甚至在白天也在做梦。

因此，没有其他公式可以突出这样一种工作风格，其中患者的主观性、分析师的主观性，以及分析组合的无意识功能都被严肃地对待，而且尽可能地系统化。简而言之，梦和无意识处于分析的中心位置：还有比这更符合弗洛伊德精神的项目吗？这一视角所解构的是天真的共情态度，或者那些对已知和对现实或具体"事实"的假定给予不加批判的水平化的态度。

优先考虑关系的内部历史可能会让人觉得这等于忽视患者的历史，但在我看来，情况并非如此。过去是重要的，而且仍然是重要的。然而，问题在于，对比昂和 BFT 来说，现在更加重要。在什么意义上呢？在比昂看来，重新赋予过去以意义也是一种探索真相的亲密的主体间过程；请注意，这里的真相被理解为具有意义和含义的双重意味。因此，重要的是，被创造的共享真相是否也是关于过去或关于患者的实际现实。在分析师对患者话语的无意识维度进行接纳性倾听时，情绪一致性（合一）的真相要先于与重构过去相关的内容。如果分析师单纯看重过去本身，而不考虑彼此作为个体的相互身份的协商，不考虑我们都不可避免地佩戴着的、定义了我们身份认同的社交面具，以及构成分析的辩证性的认可，他就会冒着过于看重内容的风险，无视被视为"真实"的内容是否对分析组合的双方都是可以容忍的。

比昂是一位神秘主义者吗

将比昂的思想看作神秘主义的一种形式完全是一个重大误解。比昂只不过是从其他学科中借用了新的术语来服务于他自己的科学目的，当然，是以一种人文学科被称为"科学"的方式。然而，在这里，"科学的"这个形容词不应被简单地理解。在比昂的整个工作中，比昂对科学的意识形态提出了备受争议的批评。比昂所谓的神秘主义实际上不过是一种关于真相的（非实证主义的）社会理论，一种将治疗看作对分析组合的无意识产物进行根本而严格的接纳的实践性的观念。这就像说诠释在倾听中更为得心应手（当它是隐含的时候），而在对患者说什么时（当它是明确的时候）就不那么得心应手，并且这种方法坚决反对任何形式的感伤主义或共情主义。

比昂表示，绕过记忆、欲望和理解，分析师可以接近梦和幻觉的领域，这是他能够与患者的"幻觉"产生一致性，从而从体验中学习的最有效工具。这种态度适用于具有"信仰"的分析师（这是从神秘主义引入的另一个术语，但比昂为技术用途进行了调整——基本上是对弗洛伊德的均匀悬浮或自由漂浮倾听的再阐述），他们对无意识可以发挥作用的可能性坚信不疑。

因此，诸如信仰、O、无名的恐惧、成为（becoming）、演变（evolution）等概念绝不是宗教概念。它们之所以有用，是因为它们唤起的联想的"半影"（而不是——正如比昂所指出的——它们明亮的光芒）。引入和使用它们的目的在于（与逻辑/理性思维相对立）促进有利于发展直觉能力的心理状态。

例如，负能力 / 信仰的概念可以被重新表述为在感性一端排除感知的有意行为，而在理性一端排除理解的行为，以便产生尽可能多的情绪图解和意象。由于它们的不饱和、开放和模糊的性质，并且由于想象或梦思的振荡（辩证）功能，这是我们从多个角度看待事物的"中间领域"，使我们以一种整体的、情绪的和概念的方式看待事物。这就是为什么它们对我们而言似乎是真实的，而我们对它们也是一样。

顺便说一句，直觉只是一个术语，用来与哲学家所称的"感性直觉"（即感知）相对立，它意味着一种转向内部的感知。最终，通过"直觉"，我们指的不是某种模糊的和难以捉摸的东西，而是分析师利用精神分析理论进入会谈中的梦的光谱，从而进入心灵的无意识过程。如果我们根据比昂的说法将这种进入称为"直觉"，那么这是为了强调其复杂性和高度推测性的本质——实际上是一种可逆视角的双曲运动。

分析师如何知道遐想与患者有关，而不仅仅根植于反移情

这也是一个经常被提出的异议。答案非常简单：这个问题是没有意义的。遐想和反移情属于不同的理论框架，它们适用

于不同的概念网络。首先，它们起源于不同的假设。如果我的基本假设是，任何分析的事件或事实都源于分析性场域的动力格式塔——这个概念被制定出来，是为了让人们更好地理解在关系的无意识层面发生的事情——那么根据定义，任何分析性现象都不仅仅属于其中任何一方。这个情况与反映在其中的推进性或倒退性品质是无关的。

然而，有一点是正确的，早在活现、第三方和分析性场域的概念出现之前，反移情和投射性认同的概念就已经以某种方式表达了辩证认可的核心悖论，即相互异化的过程——自我成为他人，他人成为自我，从而产生一个自我的共享领域——在这里，成为一个主体的过程得以发生。

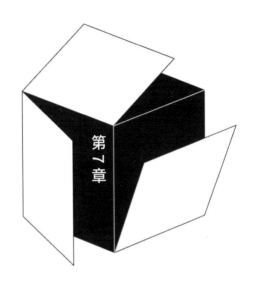

第 7 章

新的精神分析批评

精神分析的诸多面貌之一是其关于审美体验的理论。让我们回顾一下弗洛伊德关于陀思妥耶夫斯基（Dostoevsky）、延森（Jensen）、列奥纳多（Leonardo）、霍夫曼（Hoffman）等的论文。即使在今天，精神分析，尤其是受拉康启发的变体，在大学的人文系中仍然非常活跃。许多作者对其进行了创造性的运用。过去的精神分析批评往往对作者和角色进行分析，并且总能找到相同的心理情结，而对艺术作品的本质——其形式——却毫不关心。新的精神分析批评现在已经不再采纳这种不受欢迎的文学评论方式了。

因此，更传统的弗洛伊德式批评不再令人信服，尤其是从一贯的实证主义假设出发时，因为这种实证主义假设在治疗理论和技术方面是过时的。^① 如果我们不将其与更广泛的哲学和文化危机联系起来，我们就无法理解这一危机的重要性。所谓的"宏大叙事"的终结使得弗洛伊德领域之外的其他批评方法同样是过时的。然而，我们必须记住，精神分析本身就有一种决定性的冲动，想要通过破坏古典哲学和心理学对主体的构想来奠定这样一种氛围的基础。

　　基于此，人们尝试使用比昂的新理论和 BFT 再次与艺术进行对话就是水到渠成的。在这里，我只想提及我在这个主题上的一些贡献，并对它们进行简要的概述。我在《失去你的头：排异、美学冲突和精神分析批评》（*Losing your Head: Abjection, Aesthetic Conflict and Psychoanalytic Criticism*，Civitarese，2018）中试图做的事情是：开创一种与艺术互动的方式，这种方式可以说不再是单向的，而是受到互惠原则的启发。精神分析帮助我们把握艺术经验的本质，而艺术则阐明了分析性会谈中的审美体验促使心灵成长的过程。不仅如此，对诠释的练习并不旨在将作品简化为一些不变的无意识心理常数，而是寻求突显其创造性的模糊性，在某种意义上扩展艺术家的梦。从根本上讲，艺术作品许诺帮助那些接触它的人发展功能，而不是

---

① 这并不是说弗洛伊德没有对美学做出不朽的经典贡献，例如，他的陌生感、瞬息和升华的概念，以及他对"笑话"（witz）和"去 - 来"（fort-da）游戏的分析。

寻找最终的真实。

写这篇文章的灵感来自我在意大利博物馆中看到的许多"神圣表征"的图像，尤其是文艺复兴时期的绘画。所谓的神圣表征场景中的圣母，或者带着儿童的圣母，对我来说似乎是与客体之间良好的原初关系的完美寓言。相反，我将同样广泛传播的斩首形象看作这种原初关系失败的寓言。斩首成了我的研究主题，我在各种艺术作品中进行了考察，从文学［薄伽丘（Boccaccio）、托马斯·曼（Thomas Mann）、科拉多·戈沃尼（Corrado Govoni）］到电影［迈克尔·哈内克（Michael Haneke）、英格玛·伯格曼（Ingmar Bergman）、约瑟夫·洛塞（Joseph Losey）、冢本晋也（Shinya Tsukamoto）］，最后到AES+F[①]的视频装置。

另一个灵感来源是雅克·德里达的思想，我们知道他在很大程度上借鉴了精神分析，并且他解读文本的做法被贴上了解构的标签。用我们可以定义为"后现代"感受性的名义，我尝

---

① AES+F 是一个由四位艺术家组成的俄罗斯当代艺术家团体，包括塔季扬娜·阿尔扎马索娃（Tatiana Arzamasova）、列夫·埃夫左维奇（Lev Erzovich）、叶夫根尼·斯夫亚斯基（Evgeny Svyatsky）和弗拉基米尔·弗里德克斯（Vladimir Fridkes）。该团体以其多媒体和跨学科的艺术作品而闻名，涉及影像、绘画、雕塑和装置等多种媒介。该团体的作品通常涉及当代社会和文化的主题，以及对权力、消费主义和科技的批判性探讨。——译者注

试更加关注文本的修辞或形式方面，从而避免给出任何封闭的
诠释。然而，这并不意味着，由于潜在的无限性，我们就不能
继续讨论什么是正确或不可接受的解读——解读不再基于某种
绝对原则，而是与做出这些判断的社群有关。因此，挑战在
于，即使在这一领域也需要接受视角不断逆转的可能性，在这
个过程中，艺术和美学批评在相互反射的游戏中也照亮了分析
过程的各个方面，并突出了其理论的修辞手法及其作为虚构叙
事或神话的特性。

这样的操作只有在考虑到比昂引入的关于无意识和梦境的
新概念，以及（我们要感谢费罗）参考翁贝托·埃科的著作
[特别是《开放的作品》(*The Open Work*)][1] 的情况下才有坚实
的根基，该著作涉及对读者角色的处理。本质上，我们不再将
精神分析"应用"于艺术，而是借用皮埃尔·巴亚尔（Pierre

---

① 翁贝托·埃科是一位意大利学者、作家和语言学家，以其博学、跨学科
的作品而闻名。他在文学、语言学、哲学、半学科、通俗文化和历史领
域都有重要的贡献。《开放的作品》是一部关于文学、艺术和审美理论
的著作，埃科强调作品的开放性，即作品不应该被视为封闭的、最终确
定的实体，而是一种开放的、动态的结构。他主张作品应该具有多义性
和多解释性，以便读者或观众能够参与其中，赋予作品以不同的意义。
埃科的开放作品理论对美学产生了影响，提出了一种与传统封闭式作品
不同的审美模式。他认为，开放作品反映了当代社会的复杂性和多样
性。——译者注

Bayard, 1999）[①] 的话，询问自己是否可能做相反的事情。在本书中，我将自己对精神分析的看法与赫伯特·梅尔策[②] 的看法交织在一起，特别是使用他从比昂那里借来的"美学冲突"（aesthetic conflict）[①] 的概念，以及茱莉娅·克里斯蒂娃关于"排异"（abjection）[④] 的概念。

---

① 皮埃尔·巴亚尔是一位法国作家、文学评论家和大学教授。他以文学和阅读方面的著作而闻名，其中一部著名的作品是《不读小说》（*How to Talk About Books You Haven't Read*）。在这本书中，他探讨了人们对书籍的不同阅读方式，以及如何以不同的方式参与文学讨论。——译者注

② 赫伯特·梅尔策是一位英国精神分析师和精神科医生，他在精神分析、心理治疗和美学领域做出了重要贡献。他构建了理论框架，深入研究情感、思想和审美体验之间的关系。他的洞见在连接心灵与艺术表达之间的复杂关系方面具有影响力。——译者注

① 简而言之，美学冲突是孩子对其在一切方面都依赖他者的真正意图的焦虑折磨。母亲那"可见的"慈爱而明亮的凝视是否表达了她头脑中"不可见的"思想的真实？这只是以全新的、个人的细微差别丰富克莱因的情感矛盾概念的另一种方式。

④ 茱莉娅·克里斯蒂娃的"排异"概念是她在精神分析和文化理论中提出的重要概念。这个概念主要出现在她的作品《恐怖的力量：论排异》（*Powers of Horror: An Essay on Abjection*）中，指的是在面临"我"与"非我"的身体边界的崩溃时，我们对那些违背我们对"正常"和"可接受"的定义的事物的强烈身体-心理反感。这不仅仅是一种生理上的拒绝，更是一种心理上的排斥，涉及社会和文化中关于纯净、整洁和道德的观念，可表现为身体的排泄物、死亡、疾病等。排异概念强调了个体和社会之间的边界，以及对那些被视为"不洁"的事物的排斥。排异不仅是一种负面体验，还是自我形成和认同的过程。通过与排斥的事物的接触，个体形成了自己的身份，并建立了与社会和文化价值观的关系。

简而言之，对文本中的梦的解构不再遵循寻找罪犯的刑警程序逻辑，而是以令人惊讶的新配置重新组合被丢弃的、次要的或边缘的部分的艺术逻辑。就像创造性拼贴（bricolage）[①]及其相应的艺术版本的现成品一样，关键词是经验主义、偶然性、非目的性、即兴创作、游戏、机会、狡黠、灵活、运动、调谐、适应和业余爱好（在培养一门不以职业为目的，而是以愉悦、激情、奉献和恒常为特征的艺术的高尚意义上）。

崇高的美学

我在《诞生之时：崇高的精神分析与当代艺术》（*L'ora della nascita: Psicoanalisi del sublime e arte contemporanea*，Civitarese，2020b）中探讨了心灵诞生的主题，即在非言语、情绪 - 感知交流层面，主体性的初现开始形成。我在这本书中涉及的艺术家包括理查德·塞拉（Richard Sierra）、安尼施·卡普尔（Anish

---

[①]　"bricolage"是一个法语单词，起初是指使用杂七杂八的材料和工具进行零碎拼凑的手工艺或技艺。这个（单）词后来被引申为一种创造性的、灵活的工作方式，即通过利用现有的资源、材料和技能，以非传统的方式解决问题或创造新事物。在文学和文化理论中，"bricolage"也被用来描述一种将不同元素拼凑在一起、创造性地重新组合的创作方法。这种方法通常涉及跨越传统边界、混合不同风格或主题，以产生新的、独特的作品。——译者注

Kapoor）、亚历山大·麦昆（Alexander McQueen）、安塞尔姆·基弗（Anselm Kiefer）、纳利尼·马拉尼（Nalini Malani）、孙原和彭禹。[①]他们的作品通常是当代崇高艺术的完美例证。事实上，心灵诞生的理论要澄清的重点是，当新生的心灵仍处于无法访问语言的语义含义的状态时，如何可能从另一个心灵中发展出一个心灵。心灵永远不会停止"诞生"。在"正常"或病理情况下，这始终是一个关于扩大心灵空间的问题，在这个空间中，潜在的破坏性情感内容可以被接纳和转化。

当我浏览比昂为描述心灵诞生而创造的原创概念清单时，我被他对英国文学浪漫时期诸多作者的引用和一整套直接来源于该领域的表达所打动，并感到好奇。随后我开始思考，崇高的美学概念在比昂的思想中是否以一种或多或少更为微妙的方式充当了一个基本的理论运算符（Civitarese，2014）。例如，比昂从约翰·济慈（John Keats）那里借用了"负能力"和

---

① 理查德·塞拉是美国雕塑家，以大规模金属雕塑而闻名，作品常涉及对空间和材料的独特处理。安尼施·卡普尔是印度裔英国雕塑家，以其大型、抽象、光滑的雕塑而著称，曾获得多项艺术奖项。亚历山大·麦昆是英国时装设计师，因其大胆创新和令人印象深刻的时装表演而闻名，对时尚界产生了深远的影响。安塞尔姆·基弗是德国画家和雕塑家，以其沉思性的、涉及历史、神话和文学主题的作品而闻名。纳利尼·马拉尼是印度艺术家，以多媒体艺术作品而知名，关注社会政治议题和女性主义。孙原和彭禹是中国艺术家夫妇，合作创作雕塑和装置艺术，作品涉及社会问题和人类关系。——译者注

"成就之语"等概念①；他还引用了约翰·弥尔顿（John Milton）和柯勒律治（Coleridge）②，谈到了信仰、疯狂、天才、无限、神秘、虚无、夜晚、无物、激情、痛苦、无限、突变、数学的崇高、无名的恐惧、惊讶、虎啸（tiger-the-thing-or）、物 - 自体，等等。

在我看来，升华的概念需要在关系意义上被重新发明——不再是对性驱动的心理液压学的描述，而是对人类主体性的"社会性"建构过程的描述。如果我们接受探索这些共鸣或转换可能告诉我们一些新鲜而有趣的东西，并引导我们朝着多个方向发展的想法，那么直接接触艺术所带来的一个可能的收益

---

① 约翰·济慈提出的"负能力"和"成就之语"是他对创作过程和艺术理念的两个重要概念。济慈在一封信中写道，"负能力"是"在疑惑、不确定、不可知之际，能够保持一种独特的平静和决心，而不急于追求解释或确切的答案"。"成就之语"强调了作品的成熟和完整，是表达艺术家在创作过程中取得的成就之语。它与负能力形成对比，强调了在作品中寻找确切的表达和成就感。负能力强调对复杂性和不确定性的包容，而成就之语则突出了作品中的成熟和完整。两者并不矛盾，而是在不同层面描述了艺术创作的过程和结果。——译者注

② 约翰·弥尔顿是 17 世纪英国的一位文学家、政治家和宗教思想家。他最著名的作品之一是史诗诗歌《失乐园》（*Paradise Lost*），这部作品被认为是英国文学史上最伟大的史诗之一，它探讨了人类堕落和对上帝的信仰。柯勒律治是 18—19 世纪英国的一位诗人、评论家和哲学家，同时也是浪漫主义运动的重要人物之一。他的代表作之一是《古老水手》（*The Rime of the Ancient Mariner*），该诗是一首叙事诗，涉及超自然、道德和自然主题。——译者注

是，我们可以从内在、情感上理解艺术为我们提供或使我们更容易触及的东西。

当我们说某事是"崇高的"时，即使在日常生活中，我们指的也是一种感觉而不是理解。这是一种生活体验，我们无法用言语表达，它与愉悦、美丽、生命力和个人整合感有关。实际上，它无法用言语表达。从字面上讲，它是无法言喻的。然而，对我们来说，这种体验是我们所能达到的巅峰体验。它不仅是由于我们所是（we are）而能够"体验"的东西，因为我们已经具备了这种敏感性；相反，我们对这种体验的感受本身"赋予"了我们这种能力，它磨砺了我们的感官，使我们在心理上"升"得更高。

朝着什么方向

朝着成为自己的方向。谁能说他已经真正成为自己，换言之，他已经充分发挥了人类所有的可能性？悖论在于，成为自己，能够拥有一个"更宽广的灵魂"，与趋向无限（becoming infinite）是相辅相成的，如果我们用这个表达来表示拥有尽可能多的对事物的观点的能力的话。在有利的条件下，这种能力源自与他人的意识和无意识的主体间交往。

我们可以想象一下诗歌或梦境中的模糊性概念。每一次，诗歌和梦境都向我们呈现了一个绝妙的机会，让我们对世界有多个视角（多个解释），但这些视角并不是随意的，而是在明示和暗示中被共享的。当我能够逃脱残缺的切割系统（我在前文提到的）对我的人性的限制时，例如，没有因为被恐惧困扰而采取狭隘、封闭、狂热或极端主义的观点，正是在这些时刻，我可以称自己为一个成熟（或健康）的人。

显然，分析的问题在于，促进成长（用隐喻的方式说，我们的 PGI[①] 或心灵成长指数）不以分裂的方式发生。用温尼科特的话来说[②]，这总是关于将身体交还给心灵，或者将心灵重新放入身体的问题——如梅洛 - 庞蒂（Merleau-Ponty，1945b）描述的"行为中的灵魂和身体的融合，个人存在中的生物存在与文化世界中的自然世界的升华"。

但是随后，我们离开了一种认为对患者的治疗在于将无意识翻译为意识的精神分析范式。我们更认同的精神分析是产生自动化的、习惯性的、获得性的和无意识的关系能力，而这一

[①] PGI 指的是 Personal Growth and Involvement，即个人成长和参与。——编者注

[②] 参见温尼科特（Winnicott，1971）："带着婴儿的母亲不断地向彼此引入和再引入婴儿的身体和心灵，可以很容易地看出，如果婴儿有使母亲感到羞愧、内疚、害怕、兴奋、绝望的异常表现，那么这一简单但重要的任务将变得困难。在这种情况下，她只能尽力而为。"

能力起初只能被动地吸收。看起来仅仅是知识的逻辑——实际上，它从来不仅仅是这样，即使是分析关系的体验（所谓的移情神经症）最终也被用来服务于患者对真实过去的重建。换言之，知识的逻辑让位于弗洛伊德（Freud，1930）在《文明及其不满》的结尾提到的爱的逻辑、连接的逻辑［"被爱的体验"（liebeserfahrung）］。

正如我们所看到的，从崇高的美学视角来重新思考理论，精神分析对谈论主体（在感觉基础上）的社会和美学的建构意味着什么有了更清晰的想法，这涉及对无意识、梦、思考的概念及其技术的更新。作为当代精神分析最先进的思潮之一，BFT 起源于与梅兰妮·克莱因开创的儿童精神分析模型的相遇，该模型基于"游戏 = 梦"（play=dream）的等式，以及比昂对团体心理学的理解。在我看来，就精神分析学科的未来发展而言，我们目前拥有的机会是摒弃精神分析作为一种怀疑的学派（Ricoeur，1965）。为了做到这一点，我们需要超越一种基于我 / 你分裂的无意识倾听的方式，这种方式关注在意识和无意识层面谁对谁做了什么。我最关心的是能够凭直觉感受到第三方或激进的主体间维度，在这个维度上，我们看到"我们"在意义的无意识建构中发挥作用。我假设，无意识的"我们"总是在决定所谓的分析性事实。这使我能够在"我们"中识别分离的他者，于是我较少陷入意识形态的我行我素的做派。

正如我们在浪漫主义时期的古典绘画中以寓言的表达方式清晰描绘的那样［如威廉·特纳（William Turner）和卡斯帕·达维德·弗里德里希（Caspar David Friedrich）^①等人的绘画］，分析过程的核心变为"适当的距离"。适当的距离是关于同一性和差异性的成功的辩证法。在艺术中，这种"幸福"的度量恰恰在于我们从中获得的乐趣。但这种快乐总是负面的；它总是与个人的丰富性有关，这种丰富性来自内在地"梦到"痛苦并转化它的社会可能性。正是从这种转化中，如弗洛伊德（Freud，1920）在《超越快乐原则》中所说的，我们在剧院见证悲剧时也会获得"高度的享受"，这是个悖论。首先，我们见证的永远不只是安提戈涅或俄狄浦斯^②的不幸，而是我们自己的不幸；其次，它不再是一场悲剧，而是我们称之为形式的

---

①　威廉·特纳是英国浪漫主义画家，以其风景画而闻名。他的作品常常充满梦幻、光影和色彩的表现，对后来的印象派艺术家产生了深远的影响。卡斯帕·达维德·弗里德里希是德国浪漫主义画家，以其富有象征意义的风景画而著称。他的作品通常包含孤独的人物、废墟和自然景观，强调个体与自然的联系。——译者注

②　安提戈涅是俄狄浦斯与伊俄卡斯达（Jocasta）的女儿，同时也是俄狄浦斯的妹妹。故事发生在底比斯城，安提戈涅坚持遵守神的法律，为她那被认为是不道德的哥哥波吕涅克斯（Polynices）丧命而进行抗争。俄狄浦斯是古希腊神话中的传奇人物，也是索福克勒斯的三部悲剧之一《俄狄浦斯王》的主人公。俄狄浦斯是拉伊俄斯（Laius）和伊俄卡斯达的儿子。在故事中，他被预言将杀死自己的父亲拉伊俄斯并与母亲伊俄卡斯达结婚，最终他发现预言成真，这导致了他的悲剧结局。——译者注

奇迹——一种活生生的、隐含的、程序性的、情感的和符号学的共识，而不仅仅是思想。

在作为祖父的弗洛伊德精彩地描述的小恩斯特的"去-来"游戏中，我们不能看到什么自虐的东西。相反，这是关于存在的强烈而又令人兴奋的快乐（温尼科特：持续存在）。这是通过超越动物性来逐渐提升自己，通过学会使用符号来实现的。正如哲学家解释的那样，"ek-sistere"[①]意味着走出自己，或者更确切地说，参与到既是自己又不同于自己的悖论游戏中。

关于崇高美学的原型情境，我们可以设想一个旁观者目睹一个人或一个自然奇观，其内容和规模既让人害怕又令人着迷。冰海、风暴、喷发的火山、巨大的废墟、沙漠、峡谷、山峰——还有沉船，或者就像朗吉努斯（Longinus）在他的《论崇高》（On the Sublime）[②]中给出的例子一样，埃阿斯（Ajax）在冥界中的可怕沉寂。问题是：为什么一些本应让我们想要逃

---

① "ek-sistere"是拉丁语"existere"的前身，后者在英语中变为"exist"。这个词根与拉丁语中的"ex"（出）和"sistere"（站立）相结合，字面上的意思是"站立起来"或"出现"。在哲学和现代用法中，"existere"或"exist"用来表示存在、生存或实际发生的状态。这个词根在许多语言中都有类似的形式，用于表示生命体的存在。——译者注

② 朗吉努斯被认为可能是公元3—4世纪的一位希腊文学评论家，他最著名的作品是《论崇高》，这是一部关于文学风格、表达和创作的书信体文艺理论著作，强调文学作品中的"卓越"或"崇高"的品质，认为这种品质可以引起读者强烈而崇高的情感。——译者注

跑的事物最终会令我们着迷?

　　康德的解释,即人类理性的能力超越自然强加的极限,并没有令我信服,因为它太过抽象。令我们着迷的不是恐惧本身,而是由身体思考的能力所赎回的恐惧;不是通过抽象的理性,而是通过形式——当我们与美接触时所体验到的审美愉悦。当然,从心理学的角度来看,我们不能仅仅满足于将形式理解为颜色、线条、声音、体积等的完美。我们必须了解为什么会这样。我们必须了解为什么美对生命至关重要;或者正如济慈所说,为什么它是"真实"。我对此的看法是,我们称之为美或崇高甚至"真实"的形式,在出生时是动态的感官空间,通过一种主体间的镜映/认同过程将婴儿精心组织为一个主体,它吸引着婴儿,因为它本身就包含一种存在的承诺。实际上,这是心灵诞生不可或缺的前提。我们更容易理解为什么马塞尔·普鲁斯特[①](Proust,1992)在谈及巴黎诺及其对"回忆"或"移位感觉"的探寻:"例如,在女人的香水中,她的头发和胸部,这些类比将启发他,为他唤起'蔚蓝的天空,广阔而圆'和'满是桅杆和旗帜的港口'。"在这个引人入胜的句子中,我们很容易认出一些崇高美学的文体特征。

---

① 　马塞尔·普鲁斯特是 20 世纪初期法国文学界的重要人物之一,以其巨著《追忆似水年华》而闻名于世。

那么我们谈论的是什么真实呢

我认为我们在谈论一种与认同、合一，以及与他人进行一种与"愉快的对话"相关的东西，这与主体化或成为一个人的过程完全一致。事实上，如果我们回到比昂，他最初的一个指导性观念恰恰是，真实——不是在形而上学、实证主义或绝对意义上的——是情绪的一致性；或者说，情绪的一致性是滋养心灵的真实。在我看来，这是一个将真实视为具有固有的实用性和社会性的与时俱进的概念。不仅如此，这也是一个不可分割的、非智力主义的真实的概念，考虑了海德格尔所说的"我们对世界的情绪性敞开"。事实上，不基于情绪调性的真实是不存在的。

在临床工作中，寻求治疗的任何人都曾经遭受过两种相反而又相互重叠的客体缺失的形式。他们要么被遗弃，无论在实际上还是在比喻上，即在情绪上（他们没有被投入），要么被客体侵入或侵袭。这是两种不同形式的"缺失"，但它们在生成一种不能促进个人发展和整合的恐惧和迫害性氛围方面是一致的。因此，我们可以说，分析师有点像画家，他必须使恐惧变得可思考，并将其转化为审美体验——这种审美体验不应被理解为"审美化"意义上的肤浅之物，而应被理解为构成我们人性精髓的要素。

审美体验作为象征的感官维度

幸运的是，精神分析是一门诠释学学科，而不是像物质科学那样的学科，它将推理思维作为其特别的对话者。与此同时，由于弗洛伊德的理论和实践的原创性结合——也就是理论与实践的并置（junktim）①②，精神分析有望说出一些其他学科无法以相同的方式说出的有关人性本质的东西。

如果我们认为崇高的美学理论是一种将"心灵是如何形成的"进行理论化的间接方式，这似乎是合理的；如果我们认为从崇高中受到启发的艺术是推进这种理论化的寓言方式的话，那么我们所处理的就是象征化的起源。我们承认它具有特定的"元叙事"品质，它并不属于它的独有范畴，毕竟任何形式的艺术都只能体现相同的原则，即使它看起来"只是"美丽或令人愉悦。

从精神分析的角度来看，象征化的第一个元素可以在从

---

① 参见弗洛伊德（Freud，1926）："在精神分析中，治疗和研究之间从一开始就存在一种不可分割的并置联结……我们的分析程序是唯一能够确保这种宝贵联结的程序。"

② "junktim"是一个德语单词，指的是两个不相关或不同领域的事物在时间或空间上非常接近、同时发生的情况。在德语中，"junktim"用于描述一种偶然或不寻常的时间安排使两个事件或情境相遇的现象。这个词常常用于表达这种巧合可能引发的有趣或意外的效果。——译者注

"幸福的"接触所产生的"点状"触觉中被看到，即在婴儿的嘴巴和母亲的乳头之间，或者在面颊和乳房之间（Ogden, 1989）。当事情进展顺利时，一种"容纳"[①]痛苦的形式就在那里诞生了，它将成为其他越来越复杂的"形式"的原型，而这些形式将被沉积在心灵结构中。我们可以理解，心灵从一开始就是主体间的，上述母婴之间的触觉"协调"仅仅是任何后来的相互认可模式的原型，即使是基于语言和概念技能的最复杂的模式也源于此。这就是为什么不把孩子视为一个孤立的实体，而是一个立即构成的系统或场域是重要的。如果我们将这两个人的团体分解成其原始元素，我们就不再清楚特定的属性是如何逐渐出现的了。

那么，当这种幸福的"感官"对话被创造出来，但仍然沉浸在象征性的背景中（因为尽管孩子还是"婴儿"，但母亲至少间接地将文化和社会性引入了关系中）时，会发生什么？显然，这种情况是不可能持续下去的。感觉会立即消失。只剩下记忆。在这一点上，显然是在程序或隐含层面，记忆是开始将自己转化为代表其他东西的点状感觉——然后逐渐变成点、线、字母（Civitarese and Berrini, 2022），等等。象征化起源

[①] "容纳"意味着理解原始感觉或情绪体验；不存在不带有社会感的"人类"。

于双重缺席：从痛苦的否定转化为快乐，以及从这种积极体验的否定转化为一种记忆痕迹。然而，缺席必须是可容忍的。

什么使缺席变得可容忍呢？一个事实是它不会持续太久。如果持续时间太长，那么"无乳房"——也就是说，可容忍的缺席，甚至是满足体验的记忆痕迹所代表的内部存在（在这种意义上，是象征性的）——就会开始变成痛苦，然后变成"无名的恐惧"。此时，通向精神病的道路就敞开了。

因此，我们应该在概念上将无物或无乳房（思想从中产生），与作为对痕迹的完全抹除，也就是对表征能力的完全抹除的虚无进行区分。简而言之，否定（可怕的、恐怖的）处于我们存在的最深层的结构中。我们所体验的自我意识、个人自主性和主动的核心只是"否定"作为必要前提所发展和印刷的照片。我们总是冒着从无物沉入虚无的风险——当然，这不是非此即彼的。让我们再次参考绘画的例子，这就像掉进冰川［如大卫·弗里德里希的《冰海》（*The Sea of Ice*）］，像利安德（Leander）那样沉入大海［如特纳的《海洛和利安德的离别》（*The Parting of Hero and Leander*）］，或者对唤起我们惊奇感的景观，以及（正如有人曾经说过的）使我们"出生"和"存在"之物一无所知。

进一步阅读

在结束本章之前，我想提两本我认为大胆而巧妙地使用比昂的理论和场论探索艺术领域的书。第一本是凯利·富勒（Kelly Fuery，2018）的《比昂、思考和移动画面的情绪体验》（*Wilfred Bion, Thinking, and Emotional Experience with Moving Images: Being Embedded*）。第二本是罗伯特·斯内尔（Robert Snell，2020）的《塞尚和后比昂学派场域：一种探索和冥想》（*Cézanne and the Post-Bionian Field: An Exploration and a Meditation*）。另一部同样重要（但并不是BFT的表达）且广泛引用比昂的作品是托马斯·奥格登和本杰明·H.奥格登（Benjamin H. Ogden）的《分析师的耳朵和批判之眼：对精神分析和文学的再思考》（*The Analyst's Ear and the Critical Eye: Rethinking Psychoanalysis and Literature*）。最后，还有安东尼诺·费罗（Ferro，1999）的《作为文学和治疗的精神分析》（*Psychoanalysis as Literature and Therapy*）。

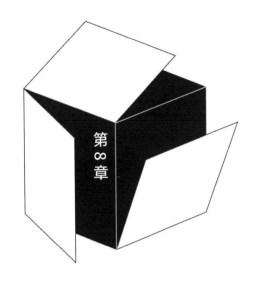

第 8 章

未来发展

主体间性

如果我必须说出我认为目前与 BFT 最相关且最有趣的研究方向，我会认为是主体间性理论的发展，它有助于我们超越由笛卡尔揭开的、主体的唯我论视野。再强调一下，在我看来，在精神分析中，仅仅把主体间性理解为独立主体之间的互动是没有多少意义的。

主体间性的概念在哲学上有一个明确的历史，特别是在黑格尔那里，虽然他并未使用这个术语，而是谈到了认可，而胡塞尔是主体间性的发明者。无论如何，这两位都试图将人类本质上具有的辩证的和悖论的性质理论化，即自我既是自我又是他者，只有通过成为他者，它才能成为自己。根据我的诠释，我发现这些关键概念在比昂的合一概念中得到了概括，即（在情绪或"符号"上独特地）促进心智发展的"真实"产生于在情绪一致的瞬间发生的同一和差异的相互作用。

　　这里的核心思想是，个体并不是孤立的实体，他们会构成一个共同的场域，或者相反，个体是一个同质整体的一部分，只是后来在局部有所不同，但是从一开始就处于辩证关系中的术语。当我们在精神分析中停止用辩证法思考，转而追求基于二分模型的不可能的清晰时，我们总是会陷入无益的争论中。其中一个基于二元对的模型，它的术语被一个无过渡性的休止符分开，它很难看到主体对他人和世界具有不可避免且确实必要的开放性。

　　我们必须治愈的是双重的自恋伤口，不仅意识到自我不是自己的主人，而且意识到无意识也不是。无意识之家比个体栖居之所更大；它是超个体的或主体间的。正如胡塞尔所说，正是这种共同的超越领域，可以帮助我们直观地理解人类如何相互沟通和共情，而不是反过来。或者说，被共享的（本能和语言）和独特的（适当的身体和意识）部分总是被假定的。思考这种相互纠缠或共存的纽带的困难在于，模糊的一极远没有清晰的一极显而易见。

　　因此，主体性和主体间性的概念可以被看作与意识和无意识、有限和无限相一致；在语言层面，它与作为个体层面的具身的"言"和作为语言的社会部分的"语"相一致。我们能否将此与彼分开呢？不幸的是，在我们的精神分析模型中，我们一直在这样做，但我们没有注意到。一门声称依靠其特殊能力以某种方式赋予无意识以形状并使无意识的不可见之物可见的学科，往往无法避免被笛卡尔的"我思故我在"的光污染所蒙蔽。它似乎认为解决方案仅仅在于强化"我思故我在"。但这不再行得通了。在物理学上，20世纪是量子论和不确定性原理的世纪，在哲学上，用梅洛 - 庞蒂的两个概念来概括，就是交错（chiasmus）和世界的"肌肤"（"椅子"）。①

事实上，这种方法不再奏效，这一点从精神分析的整个历史中可以看出。一再有人尝试扩大无意识的领域，从而减少"我思故我在"的力量。我们已经从弗洛伊德早期的纯认知主义（在治疗中被概括为把无意识翻译为意识的公式），发展到了关于无意识联系和分析性场域的对称性的假设（在治疗中被概括为使最初只是意识的东西无意识化的比昂公式）。毕竟，

---

① 梅洛 - 庞蒂的"交错"概念是指一种感知和存在的结构性交错或交叉方式。这个概念强调我们对世界的感知和经验并不是线性或单向的，而是通过多种感觉和经验维度相互交织在一起。这种交错不仅仅是感知的过程，还涉及身体与世界之间的深度互动。梅洛 - 庞蒂通过这个概念表达了人类感知和存在的复杂性，超越了传统的二元对立，强调身体与环境、自我与他者之间的不可分割的联系。而世界的"肌肤"概念暗示了一种不可分割的合一，是身体和世界之间无缝交织的状态。这并不是指一种物质性的肌肤，而是一种超越了物质性的、情感和感知的融合。强调身体是我们存在和感知的基础，世界并不是外在于我们的观察，而是与我们紧密相连的。——译者注

精神分析本身一直像白蚁一样攻击"我思故我在"这座房子的主干结构。我们知道,弗洛伊德对他创立的学科并不抱有美好的看法;他谈论他访问美国时就像带着瘟疫一样。

我希望利害关系现在清晰了:哲学上的主体间性概念有助于我们深化对无意识理论的理解。这里存在一个最虚伪的事情,但我怀疑它是相当普遍的,那就是,人们认为分析师对无意识有一个明确而清晰的概念。他们并没有。精神分析的理论,实际上是一系列理论,一直在不断发展。甚至理论本身也是一个动力性场域:如果一个理论元素发生变化,所有其他元素都会发生变化。我们可以有把握地说,我们永远不会形成一个明确而稳定的无意识概念。通过选择一个无法看见的星星作为北极星,精神分析宣称其本质就是积极地不稳定的、非静态的、未完成的和无法完成的——就像欲望本身一样。

然而,拥有一个更有说服力的无意识理论还不够。实际上,我们还需要将其转化为临床实践。这意味着要开发适当的技术工具。这些工具要定期为我们提供机会让我们从可见、明显、已确立的"我/你"分裂中解脱出来,并重新发现"我们",不是为了推翻我们的实用现实主义的二分和幼稚的设置,而是为了真正拥抱在主体化过程中发挥作用的辩证性的视野。

这种对我们所谓的主体的构想方式有助于我们回答另一个基本问题:如果主体同时是主体性一极和主体间性一极之间产

生辩证的趋同和分歧的过程，那么我们如何在理论上区分主体作为自己生活主人的本真存在，以及主体与大众认同的异化存在？

同样，解决方案不是将个体、团体和大众视为完全独立的实体，而是将它们视为同一实体的不同视角。个体在另一个视角（主体间性）下可以被称为团体，而团体也可以从构成它的个体（主体性）的角度来描述。在我看来，这意味着放弃一种遵循抽象和分裂逻辑的思考方式。如果我们采纳这种只能被定义为辩证法或相互排他/包含的观点，这意味着为了代表主体的健康，我们必须考虑的不是对团体或其反面的总体和令人困惑的依从性，而是维持整体的内部联系的质量。如果纽带断裂，个体就会陷入精神病性思维的非共识性中。如果纽带变得僵硬，就像物质联结占优势时那样，纽带就会缺乏建立新的联结所必需的弹性，这可能导致团体的精神病。在任何情况下，改变联系的因素都是恐惧。

身体间性

与主体间性概念相关的是身体间性的概念。身体间性是主体间性概念更为肉体、物理或非言语的维度。这也是一个值得更系统地探索的领域。温尼科特（Winnicott，1955-6）说母亲的手臂是创造环境的因素。这个命题不仅在比喻上成立，在"字面上"也成立。环境为患者提供的不仅是心理上的支持，还有"物质"和感官上的支持。

同样，我们应该理解布莱格关于"元 - 自我"的概念，即自我所具备的"制度性的"、原始的、非表征的结构。我们宣称分析也许更多是通过语言触摸进行的治疗而不仅仅是谈话治疗是有意义的。我们现在都熟悉语言的实用性或表现性维度。言说即行动，反之亦然，行动也是沟通的一部分。如果我们在分析中尽量限制行动，或许只是为了简化已经非常复杂的观察领域。但我们不再一律将行动视为阻抗。行动和言语是分析的戏剧性中基本的和不可分割的元素——这是神圣的，因为它与语言和意义的社会性有关，或者说，与语言和意义的神性有关。

参考文献

Aenishanslin J-F (2019). *Les pensées parallèles. Husserl et Freud*. Lausanne: Éditions Antipodes.

Barale F (2008). Postfazione. Griglie e grisaglie. In G Civitarese, *La violenza delle emozioni. Bion e la psicoanalisi postbioniana*. Milan: Raffaello Cortina, pp. 185–198.

Baranger M (2005). Field Theory. In S Lewkowicz & S Flechner, eds., *Truth, Reality and the Psychoanalyst: Latin American Contributions to Psychoanalysis*. London: International Psychoanalytical Association, pp. 49–71.

Baranger M & Baranger W (1961–1962). La situacion analitica como campo dinamico. *Revista Uruguaya de Psicoanálisis* 4(1): 3–5.

Baranger M and Baranger W (1990). *La situazione psicoanalitica come campo bipersonale* (The Psychoanalytic Situation as a Bipersonal Field). Milan: Raffaello Cortina.

Baranger M and Baranger W (2008). The Analytic Situation as a Dynamic Field. *International Journal of Psycho-Analysis* 89: 795–826.

Baranger M and Baranger W (2009). *The Work of Confluence: Listening and Interpreting in the Psychoanalytic Field*. Ed. L. Glocer. London: Routledge.

Bayard P (1999). Is It Possible to Apply Literature to Psychoanalysis?

American Imago, 56: 207–219.

Bazzi D (2022). Approaches to a Contemporary Field Theory: From Kurt Lewin, George Politzer and José Bleger to Antonino Ferro and Giuseppe Civitarese. *International Journal of Psycho-Analysis* 103: 46–70.

Bezoari M and Ferro A (1989). Listening, Interpretations and Transformative Functions in the Analytical Dialogue. *Rivista di Psicoanalisi* 35 (4): 1012–1050.

Bion WR (1958). On Arrogance. *International Journal of Psycho-Analysis* 39: 144–146. Reprinted in WR Bion, 1967, *Second Thoughts: Selected Papers on Psychoanalysis*. London: Karnac 2007, pp. 86–92.

Bion WR (1959). Attacks on Linking. *International Journal of Psycho-Analysis* 40: 308–315.

Bion WR (1961). *Experiences in Groups and Other Papers*. London: Tavistock.

Bion WR (1962a). *Learning from Experience*. London: Tavistock.

Bion WR (1962b). The Psycho-analytic Study of Thinking. *International Journal of Psycho-Analysis* 43: 306–310.

Bion WR (1965). *Transformations. Change from Learning to Growth*. London: Maresfield Library, 1991.

Bion WR (1967). *Second Thoughts: Selected Papers on Psychoanalysis*. London: Routledge, 1984.

Bion WR (1992). *Cogitations*. London: Routledge, 2018.

Bion WR and Rickman J (1943). Intra-group Tensions in Therapy–Their Study as the Task of the Group. *The Lancet* 242: 678–681.

Bleger J (1967). Psycho-Analysis of the Psycho-Analytic Frame. *International Journal of Psychoanalysis* 48: 511–519.

Churcher J (2008). Some Notes on the English Translation of *The Analytic Situation as a Dynamic Field* by Willy and Madeleine Baranger. *International Journal of Psychoanalysis* 89: 785–793.

Civitarese G (2008), *The Intimate Room. Theory and Technique of the Analytic*

Field. London: Routledge, 2010.

Civitarese G (2013a). *The Necessary Dream*. London: Routledge.

Civitarese G (2013b). Bion's Grid and the Truth Drive. *The Italian Psychoanalytic Annual* 7: 91–114.

Civitarese G (2014). Bion and the Sublime. *International Journal of Psycho-Analysis* 95: 1059–1086.

Civitarese G (2015a). Sense, Sensible, Sense-able: The Bodily but Immaterial Dimension of Psychoanalytic Elements. In H Levine & G Civitarese, eds., *The Bion Tradition*. London: Karnac.

Civitarese G (2015b). Transformations in Hallucinosis and the Receptivity of the Analyst. *International Journal of Psycho-Analysis* 96: 1091–1116.

Civitarese G (2018). *Losing your Head. Abjection, Aesthetic Conflict and Psychoanalytic Criticism*. Lanham: Rowman & Littlefield.

Civitarese G (2019a). The Concept of Time in Bion's "A Theory of Thinking". *International Journal of Psycho-Analysis* 100: 182–205.

Civitarese G (2019b). On Bion's Concepts of Negative Capability and Faith. *The Psychoanalytic Quarterly* 88: 751–783.

Civitarese G (2020a). Regression in the Analytic Field. *Romanian Journal of Psychoanalysis* 13: 17–41.

Civitarese G (2020b). *L'ora della nascita: Psicoanalisi del sublime e arte contemporanea* [The Hour of Birth: Psychoanalysis of the Sublime and Contemporary Art]. Milan: Jaca Book.

Civitarese G (2021a). The Limits of Interpretation: A Reading of Bion's "On Arrogance". International Journal of Psychoanalysis 102(2): 236–257.

Civitarese G (2021b). Bion's Graph of "In Search of Existence". *The American Journal of Psychoanalysis* 81: 326–350.

Civitarese G (2021c). Intersubjectivity and the Analytic Field. *Journal of the American Psychoanalytic Association* 69 (5): 853–893.

Civitarese G (2021d). Experiences in Groups as a Key to "Late" Bion. *International Journal of Psycho-Analysis* 102 (6): 1071–1096.

Civitarese G & Berrini C (2022). On Using Bion's Concepts of Point, Line, and Linking in the Analysis of a 6-year-old Borderline Child. *Psychoanalytic Dialogues*, in press.

Conci M (2011). Bion and his First Analyst, John Rickman (1891–1951): A Revisitation of their Relationship in the Light of Rickman's Personality and Scientific Production and of Bion's Letters to him (1939–1951). *International Forum of Psychoanalysis* 20:68–86.

Eco U (1962). *The Open Work*. Cambridge, MA: Harvard University Press, 1989.

Elliott A & Prager J (2016). *The Routledge Handbook of Psychoanalysis in the Social Sciences and Humanities*. London: Routledge.

Ferro A (1992). *The Bi-Personal Field: Experiences in Child Analysis*. Routledge: London, 1999.

Ferro A (1999). *Psychoanalysis as Literature and Therapy*. London: Routledge, 2006.

Ferro A (2002). *Seeds of Illness, Seeds of Recovery: The Genesis of Suffering and the Role of Psychoanalysis*. London: Routledge, 2005.

Ferro A (2007). *Avoiding Emotions, Living Emotions*. London: Routledge, 2011.

Ferro A, ed. (2013). *Contemporary Bionian Theory and Technique in Psychoanalysis*. London: Routledge, 2018.

Ferro A, ed. (2016). *Psychoanalytic Practice Today: A Post-Bionian Introduction to Psychopathology, Affect and Emotions*. London: Routledge, 2019.

Ferro A et, al. (2007). *Sognare l'analisi*. Turin: Bollati Boringhieri.

Francis St. of Assisi (1998). *The Little Flowers of St. Francis of Assisi*. New

York: Random House.

Freud S (1895). *Project for a Scientific Psychology*. In *The Standard Edition of the Complete Psychological Works of Sigmund Freud* 1: 281–391, 1950.

Freud S (1911). Formulations on the Two Principles of Mental Functioning. In *The Standard Edition of the Complete Psychological Works of Sigmund Freud* 12: 213–226, 1950.

Freud S (1916). On Transience. In *The Standard Edition of the Complete Psychological Works of Sigmund Freud* 14: 303–307, 1950.

Freud S (1920). *Beyond the Pleasure Principle*. In *The Standard Edition of the Complete Psychological Works of Sigmund Freud* 18: 65–144, 1950.

Freud S (1921). Group Psychology and the Analysis of the Ego. In *The Standard Edition of the Complete Psychological Works of Sigmund Freud* 18: 1–64, 1950.

Freud S (1926). *The Question of Lay Analysis*. In *The Standard Edition of the Complete Psychological Works of Sigmund Freud* 20: 177–258, 1950.

Freud S (1930). *Civilization and its Discontents*. In *The Standard Edition of the Complete Psychological Works of Sigmund Freud* 21: 57–146, 1950.

Freud S (1932). My Contact with Josef Popper-Lynkeus. In *The Standard Edition of the Complete Psychological Works of Sigmund Freud* 22: 217–224, 1950.

Fuchs T & De Jaegher H (2009). Enactive Intersubjectivity: Participatory Sense-making and Mutual Incorporation. *Phenomenology and the Cognitive Sciences* 8: 465–486.

Fuery K (2018). *Wilfred Bion, Thinking, and Emotional Experience with Moving Images: Being Embedded*. London: Routledge.

Ginzburg C (1986). *Clues, Myths, and the Historical Method*. Baltimore: Johns Hopkins University Press, 2013.

Green A (1998). The Primordial Mind and the Work of the Negative. *International Journal of Psycho-Analysis* 79: 649–665.

Grotstein JS (2004). The seventh Servant: The Implications of a Truth Drive in Bion's Theory of 'O'. *International Journal of Psycho-Analysis* 85: 1081–1101.

Grotstein JS (2007). *A Beam of Intense Darkness: Wilfred Bion's Legacy to Psychoanalysis*. London: Karnac.

Hegel GWH (1807). *The Phenomenology of Spirit*. Cambridge, UK: Cambridge University Press, 2018.

Heidegger M (1987). *Zollikon Seminars. Protocols-Conversations-Letters*. Evanston, IL: Northwestern University Press, 2001.

Kernberg OF (2011). Divergent Contemporary Trends in Psychoanalytic Theory. *Psychoanalytic Review* 98: 633–664.

Klein M (1924). The Role of the School in the Libidinal Development of the Child. *International Journal of Psycho-Analysis* 5: 312–331.

Kristeva J (1980). *Powers of Horror: An Essay on Abjection*. New York: Columbia University Press, 1982.

Kuhn TS (1962). *The Structure of Scientific Revolutions*. Chicago, IL: University of Chicago Press, 1996.

Lacan J (1947). British Psychiatry and the War. *Psychoanalytical Note books of the London Circle* 4: 9–34.

Langs R (1976). *The Bipersonal Field*. New York: J. Aronson.

Langs R (1978). *Interventions in the Bipersonal Field*. New York: J. Aronson.

López-Corvo RE (2002). *The Dictionary of the Work of W. R. Bion*. London: Karnac, 2003.

Meltzer D (1984). *Dream-Life: A Re-examination of the Psycho-analytical Theory and Technique*. Strathtay, Scotland: Clunie Press.

Merleau-Ponty M (1945a). The Film and the New Psychology. In *Sense and Non-Sense*, transl. by HL Dreyfus and P Allen Dreyfus, Evanston, IL: Northwestern University Press, pp. 48–59, 1964.

Merleau-Ponty M (1945b). *Phenomenology of Perception*. London: Routledge & Kegan Paul, 2012.

Merleau-Ponty M (1964). *The Visible and the Invisible*. Evanston, IL: Northwestern University Press, 1968.

Neri C, Correale A & Fadda P (1987). *Letture bioniane*. Rome: Borla.

Nissim Momigliano L (1984). Due persone che parlano in una stanza ... (Una ricerca sul dialogo analitico). *Rivista di Psicoanalisi* 30:1–17. Translated as: Two People Talking in a Room: An Investigation on the Psychoanalytic Dialogue. In L Nissim Momigliano & A Robutti, eds., *Shared Experience: The Psychoanalytic Dialogues*. London: Karnac, pp. 5–20, 1992.

Nissim Momigliano L (1992). *Continuity and Change in Psychoanalysis: Letters from Milan*. London: Routledge.

Ogden TH (1989). On the Concept of an Autistic-Contiguous Position. *International Journal of Psycho-Analysis* 70: 127–140.

Ogden TH (2008). Bion's Four Principles of Mental Functioning. *Fort Da* 14: 11–35.

Ogden TH (2009). *Rediscovering Psychoanalysis: Thinking and Dreaming, Learning and Forgetting*. London: Routledge.

Ogden TH & Ogden BH (2013). *The Analyst's Ear and the Critical Eye: Rethinking Psychoanalysis and Literature*. London: Routledge.

Propp V (1928). *Morphology of the Folktale*. Austin: University of Texas Press.

Proust M (1992). *Time Regained. In Search of Lost Time*. Vol. 6. London: Chatto & Windus.

Ricoeur P (1965). *Freud and Philosophy: An Essay on Interpretation*. New Haven, CT: Yale University Press, 1977.

Riolo F (1983). Sogno e teoria della conoscenza in psicoanalisi. *Rivista di Psicoanalisi* 29: 279–229.

Seligman S (2017). *Relationships in Development: Infancy, Intersubjectivity, and Attachment.* London: Routledge.

Snell R (2020). *Cézanne and the Post-Bionian Field: An Exploration and a Meditation.* London: Routledge.

Spiegelberg H (1972). *Phenomenology in Psychology and Psychiatry: A Historical Introduction.* Evanston, IL: Northwestern University Press.

Vygotskij L & Lurija A (1984). *Strumento e segno nello sviluppo del bambino.* Bari: Laterza, Roma, 1997.

Westen D (1999). The Scientific Status of Unconscious Processes. *Journal of the American Psychoanalytic Association* 47: 1061–1106.

Wilson M (2020). *The Analyst's Desire: The Ethical Foundation of Clinical Practice.* New York: Bloomsbury Academic.

Winnicott DW (1955-6). Clinical Varieties of Transference. In: *Through Paediatrics to Psycho-Analysis.* London: Routledge, pp. 295–299, 2001.

Winnicott DW (1965). *The Maturational Processes and the Facilitating Environment.* London: The Hogarth Press.

Winnicott DW (1971). Basis for Self in Body. In *The Collected Works of D. W. Winnicott,* Vol. 9 (1969–1971). Oxford: Oxford University Press, pp. 225–234, 2017.

Zahavi D (2014). *Self and Other Exploring Subjectivity, Empathy, and Shame.* Oxford: Oxford University Press.

版 权 声 明